高等学校机械制造专业教学用书

数控加工实用教程

Practical Course of NC Machining

主　编　王志奎　张增坤

副主编　李东如　李　阳

西安电子科技大学出版社

内 容 简 介

本书全面系统地介绍了数控加工工艺及编程知识，全书共 5 章，分别为数控加工技术概述、数控加工工艺与编程基础、数控车削工艺与编程、数控铣削/加工中心工艺与编程、数控加工仿真技术应用。

本书可以作为高等院校或培训机构进行数控加工工艺及编程教学的实训教材，也可作为相关领域工程技术人员的参考用书。

本书中的程序代码全部经过上机验证，均正确可用，读者可通过扫描书中的二维码观看相关程序的加工动画。读者如果需要本书中的程序源代码，可与作者联系(E-mail：zhzk1987@163.com)。

图书在版编目(CIP)数据

数控加工实用教程 / 王志奎，张增坤主编. —西安：西安电子科技大学出版社，2023.1
ISBN 978–7–5606–6721–8

Ⅰ. ①数… Ⅱ. ①王… ②张… Ⅲ. ①数控机床—加工—教材 Ⅳ. ①TG659

中国版本图书馆 CIP 数据核字(2022)第 224173 号

策　　划　李惠萍
责任编辑　许青青
出版发行　西安电子科技大学出版社(西安市太白南路 2 号)
电　　话　(029) 88202421　88201467　　　　邮　　编　710071
网　　址　www.xduph.com　　　　　　　　　　电子邮箱　xdupfxb001@163.com
经　　销　新华书店
印刷单位　咸阳华盛印务有限责任公司
版　　次　2023 年 1 月第 1 版　　2023 年 1 月第 1 次印刷
开　　本　787 毫米×1092 毫米　　1/16　　印张 12.5
字　　数　292 千字
印　　数　1～3000 册
定　　价　32.00 元
ISBN　　978–7–5606–6721–8 / TG
XDUP 7023001–1
如有印装问题可调换

前　言

本书根据国内外数控技术的发展和现状并结合本科高校工程专业建设的实际情况进行编写。全书以数控加工工艺、数控加工程序编制和实践操作为核心，突出数控加工技术的先进性、实用性、灵活性和操作性，力求做到本科教学理论和实践的最佳结合。目前，国内外数控系统较多，各种数控系统的指令体系存在较大差异，这给本书的编写带来了较大困难。通过市场调研，编者发现目前 FANUC、SIEMENS 和华中数控的数控系统应用比较多。编者经审慎考虑，决定本书以 FANUC 0i-TF 数控车床系统和华中 818M 数控铣削/加工中心系统作为数控编程环境。

本书共五章，主要内容包括数控加工技术概述、数控加工工艺与编程基础、数控车削工艺与编程、数控铣削/加工中心工艺与编程、数控加工仿真技术应用。第 1 章介绍了数控加工的基本原理、数控机床的结构特点和常用的数控系统。第 2 章介绍了数控加工工艺方案的设计原则和设计方法，并对一些典型案例进行了工艺分析。第 3 章参考 FANUC 0i-TF 数控系统编程手册，列举了诸多车削加工指令的应用案例。第 4 章参考华中数控最新数控系统 818M 的编程手册，介绍了使用频率较高的指令，并且列举了相关指令的应用案例。第 5 章以斯沃数控仿真软件为平台，进行了数控车削、铣削/加工中心仿真教学。

本书由南阳理工学院智能制造学院王志奎教授统稿。参加本书编写的有南阳理工学院智能制造学院机械设计及其自动化专业的王志奎教授、张增坤博士、李阳博士和工程实训中心的李东如老师。王志奎和张增坤担任主编，李东如和李阳担任副主编。本书具体分工如下：张增坤负责编写第 1 章、第 2 章和第 3 章，验证全书的数控程序，制作电子资源；王志奎负责编写第 4 章；李东如负责编写第 5 章；李阳负责全书的校对工作。

在本书的编写过程中，编者参阅了大量的文献资料，在此特向这些文献资料的作者表示感谢！

本书虽经反复推敲和审核，但由于编者水平有限，书中难免存在欠妥之处，恳请读者批评指正，以便在后续版本中加以改进。

编　者

2022 年 9 月于南阳理工学院

目　　录

第 1 章　数控加工技术概述

教学目标

　　本章主要讲述学习数控加工技术所必备的基础知识，包括数控加工原理、数控加工的内容和特点、数控技术的发展趋势、数控机床(CNC)的组成及分类、常用数控系统及其功能。通过本章的学习，读者可对数控加工技术、数控机床和数控系统有初步认识，为进一步学习数控加工工艺与编程打下基础。

　　数控加工技术的水平和普及程度，是衡量一个国家综合国力和现代化水平的重要指标。近年来，我国装备制造业迅速发展，代表先进制造技术的数控加工技术已逐渐进入国民经济的各个领域。与传统制造技术相比，数控加工技术将计算机技术、现代控制技术与传感器技术集成于一体，可以更加高效、优质地完成复杂零件的精密加工。努力发展数控技术，推动装备制造技术向敏捷化、数字化、柔性化、智能化方向发展，是我国制造业长期发展的目标。

　　学习数控加工技术必须了解数控加工的主要特点和加工原理、数控机床的组成及结构特点、数控加工与传统加工技术的差异等内容。本章将主要从以上几个方面讲述数控加工技术。

1.1　数控加工技术

1.1.1　数控加工原理

　　数控(Numerical Control，NC)技术是一种采用数字指令方式控制机床各部件运动的技术。数控加工过程如图 1-1 所示，用户根据零件的图样和工艺要求等原始条件，编制程序代码，将程序代码输入数控装置中以控制刀具和工件的相对运动，最终加工出合格的零件。

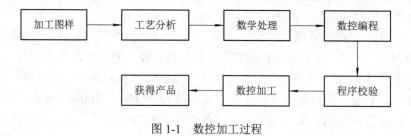

图 1-1　数控加工过程

1.1.2　数控加工的内容

传统机械加工工艺过程通常是指零件从毛坯到成品的整个工艺过程，如图 1-2 所示；而数控加工工艺过程仅仅是传统机械加工工艺过程的一部分，是只包含其中几道工序的工艺过程。例如，批量生产轴类零件时，在获得热处理过的毛坯之后，需要先在普通机床上进行粗加工，然后用数控车床进行轴类零件加工。在数控机床加工工序完成后，可能需要回到普通机床上完成钻孔或铣键槽等工序。

图 1-2　传统机械加工工艺流程图

数控加工主要包括以下几个方面：

1. 加工图样的工艺分析

加工图样的工艺分析是指对零件进行加工工艺分析，确定零件的加工方法和工艺路线，正确选择数控加工刀具、装夹方案和切削用量，并合理地设计走刀路线(走刀路线是数控加工中刀具相对于被加工工件的运动轨迹)。

2. 图纸和工艺要求的数学处理

图纸和工艺要求的数学处理是指将零件图纸、走刀路线、切削参数(主轴转速、进给量和背吃刀量)等信息进行数学处理，将其转化为刀尖点在工件坐标系下的位置坐标、位移/角位移、速度/角速度等参数。

3. 数控编程

数控编程是指根据所采用机床数控系统规定的指令代码和程序格式，将走刀路线、位移量、切削参数以及辅助功能(换刀动作、主轴正转/反转/暂停、切削液开/关等)编入加工程序中。

4. 程序校验及数控加工

程序校验是指将数控加工程序导入数控系统中，并进行单步校验。在确认程序无误、刀具与工件装夹正确的前提下，可开始进行数控加工。

1.1.3　数控加工的特点

与传统加工相比，数控加工具有以下特点：

(1) 自动化程度高，生产效率高。

数控机床加工过程主要由数控程序完成，加工自动化程度较高。用户仅需完成工件装卸、工序检验、机床状态监控、面板操作等少量工作，体力劳动和思维紧张程度大大减轻，劳动条件得到很大改善。与普通机床加工相比，数控机床和刀具往往具有更好的性能，更适应高速加工。目前，高性能数控机床的主轴转速为 20 000～30 000 r/min，移动速度可达 80 m/min。高档数控机床均配有刀库，工件在一次装夹下可完成多道工序的数控加工，大大节省了机床调整时间。

(2) 加工精度高，产品质量稳定。

目前，普通数控机床的运动位移精度为 ±0.001 mm，尺寸加工精度通常可达 ±0.05 mm。高端加工中心中，最高尺寸精度可达 ±0.01 μm。数控加工过程主要由程序控制，对用户的操作技术水平依赖度较低，从而降低了操作误差。此外，数控机床刀具具有更好的切削加工性能，刀具耐用度较高，稳定性较好。当刀具发生热变形或磨损时，也可以通过设定相关参数进行误差补偿，以保证零件尺寸精度的一致性。

(3) 对于频繁改型的零件，加工适应性更强。

在普通机床上进行复杂零件加工时，需要制订多道加工工序和设计多套工装夹具。若零件改型，则加工工艺路线发生变化，往往会导致工装夹具报废。对于一些处于试制期的单件小批量零件，采用数控加工更为合适。用户只需更改数控程序就能实现对改型零件的加工，有利于缩短零件的试制周期，也可节省大批工艺装备费用。

(4) 具有通信和远程故障诊断功能。

数控机床往往具备通信功能，用户通过网络就可以查看机床的运行状态。用户也可以通过网络将编制好的数控程序上传到机床系统中，实现远程控制和数据传输。当机床发生故障时，也可以通过网络来查看机床的相关故障信息，实现远程故障诊断。

(5) 具有良好的经济效益，有利于现代化的生产管理。

数控加工采用了更加先进的控制技术，能够满足柔性制造单元(FMC)、柔性制造系统(FMS)、计算机集成制造系统(CIMS)的要求。数控机床与工业机器人相互配合，可实现制造工厂无人化；数控机床与 CAD/CAM 以及人工智能技术相结合，可实现精密零件的智能制造。

1.1.4　数控技术的发展趋势

现阶段数控技术及其装备的发展趋势主要有以下几个方向：

1. 向高速、高精加工技术发展

高速加工是指数控机床在较高的切削速度和较大的进给量下进行加工，有利于提高生产效率并改善加工表面质量。高精度是指数控机床能够达到较高的定位精度和重复定位精度。目前，国外高端加工中心的定位精度达 ±0.01 μm。

2. 向多轴联动加工和复合加工技术发展

目前，新型复合型数控机床不断出现。例如，车削中心、车铣复合加工中心、钣金折弯中心等五轴以上复合类数控机床层出不穷。通过多轴联动对复杂零件进行加工，工件一次装夹便可完成更多工序的加工，实现一机多能，提高生产效率和加工精度。

3. 向智能化、开放化和网络化方向发展

CNC 系统是一个高度智能化的系统，可在局部或全局实现加工过程的自适应、自诊断和自调节。目前，高端数控机床已经能够实现远程故障诊断、远程状态监控、远程加工信息共享和远程操作等功能。随着智能制造技术的发展，智能编程技术和智能监测技术在数控机床上的应用会越来越广泛。

1.2　数控机床

1.2.1　数控机床的组成

数控机床主要由程序介质、输入/输出设备、数控系统、伺服驱动系统、反馈检测系统、机床本体等构成，如图 1-3 所示。程序介质是程序代码的载体，输入/输出设备用于输入程序代码和反馈数控系统信息。数控系统是数控机床的控制核心，各运动轴在数控系统的控制下按程序的指令协调运动。伺服驱动系统接收来自数控系统的指令信息，并驱动数控机床各轴的电动机。机床本体是数控机床的主要结构件，其制造精度和耐用度对零件的加工精度具有决定性影响。

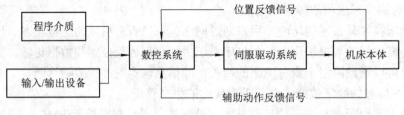

图 1-3　数控机床的组成

1. 程序介质

程序介质即程序代码的存储介质，如穿孔纸带、磁带、磁盘、软盘、U 盘等。通常通过数控机床的输入设备将程序代码输入数控系统中。

2. 输入/输出设备

输入/输出设备是用户与数控机床交互的主要通道。数控机床的输入方式包含控制介质输入、手动输入和通信接口输入。输出方式包含显示屏输出和通信接口输出。

3. 数控系统

数控系统主要由数控插补运算单元和可编程控制器(PLC)单元组成。数控插补运算单元的作用是完成加工过程中走刀路线的计算、直线/圆弧插补计算、误差补偿计算等任务，向各坐标的伺服驱动系统分配位移命令和速度命令。PLC 单元的作用是完成数控机床的辅助动作，如主轴启/停、切削液开/关、刀具更换、防护门开/关等动作。

4. 伺服驱动系统

伺服驱动系统是数控机床的重要组成部分，伺服驱动系统接收来自数控系统的指令信号，将信号进行调解、转换、放大后驱动伺服电动机，带动机床执行部件运动。伺服驱动系统主要由位置控制单元和速度控制单元组成。按执行部件的不同，伺服驱动系统可分为进给伺服驱动系统和主轴伺服驱动系统。

5. 反馈检测系统

反馈检测系统的主要作用是检测机床运动部件的位置、速度等参数，将检测结果反馈至数控系统，之后数控系统根据反馈的结果来进行误差补偿计算。常用的检测元件如图 1-4

所示，有光栅尺、线位移传感器、角位移传感器等。

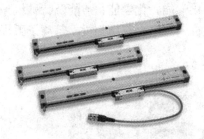  

(a) 光栅尺　　　　　　　(b) 线位移传感器　　　　　　(c) 角位移传感器

图 1-4　常用的检测元件

6. 机床本体

数控机床的基础部件在很大程度上沿用了普通机床的结构，如床身、工作台、立柱、液压润滑部件等。此外，数控机床还有一些特殊部件，如刀库、自动换刀装置、切屑排出装置等。

与普通机床相比，数控机床的结构特点如下：

(1) 数控机床采用了高性能的传动部件(如电主轴、摆线针轮减速器、行星减速器等)和伺服驱动系统，这些新技术大大简化了机床传动系统，传动链更短且精度更高。

(2) 数控机床在设计过程中采用了性能更好的材料来保证数控机床本体适应高速加工的需求。数控机床的刚度、耐疲劳性、耐磨性、耐热性等性能都有了极大改善。

(3) 更高精度的传动件被大量采用，如滚珠丝杠、直线滚动导轨和电主轴等。

1.2.2　数控机床的分类

1. 按机床加工原理分类

按机床加工原理分类，数控机床可分为切削加工类数控机床、特种加工类数控机床、成形加工类数控机床和增材制造类数控机床等。

1) 切削加工类数控机床

切削加工类数控机床使用刀具或砂轮对工件进行切削加工，如数控车床、数控铣床/加工中心、数控钻床、数控磨床等，如图 1-5 所示。目前，市场上应用最多的数控机床就是切削加工类数控机床。

(a) 数控车床　　　　　(b) 数控铣床/加工中心　　　　　(c) 数控磨床

图 1-5　切削加工类数控机床

2) 特种加工类数控机床

特种加工类数控机床主要用电能、热能、光能、电化学能、化学能、声能及特殊机械能等能量实现去除材料、改变性能或镀覆等加工，这类机床有电火花切割机、等离子弧焊接机、激光切割机、激光雕刻机等，如图 1-6 所示。

(a) 数控激光切割机   (b) 激光雕刻机

图 1-6 特种加工类数控机床

3) 成形加工类数控机床

成形加工类数控机床主要用于改变工件的形状，如数控折弯机、折弯中心、数控弯管机等，如图 1-7 所示。其加工对象通常为板材、管材、型材等。

(a) 数控折弯中心   (b) 数控弯管机

图 1-7 成形加工类数控机床

4) 增材制造类数控机床

增材制造类数控机床主要基于离散-堆积原理，通过零件的数字化模型直接制造零件，如图 1-8 所示的 3D 打印机即属于这类数控机床。

图 1-8 3D 打印机

2. 按机床运动轨迹类型分类

按机床运动轨迹类型分类，数控机床可分为点位控制类数控机床、直线控制类数控机床和轮廓控制类数控机床，如图 1-9 所示。

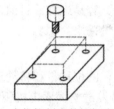 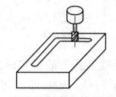 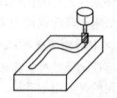

(a) 点位控制类数控机床　　(b) 直线控制类数控机床　　(c) 轮廓控制类数控机床

图 1-9　按机床运动轨迹类型分类的各种机床

1) 点位控制类数控机床

点位控制(Position Control)又称为点到点控制(Point to Point Control)。点位控制类数控机床的特点是对刀具的走刀路线和速度没有严格要求，只控制刀具最终的定位坐标。点位控制类数控机床主要用于一些特殊的加工场合，如数控钻床、数控镗床、数控冲床、数控点焊机、数控点胶机等。

2) 直线控制类数控机床

直线控制(Straight Control)类数控机床不仅要求点与点之间有准确的定位，还要求刀具的走刀路线为直线且速度可控。在早期的数控车床、数控铣床和数控磨床上，直线控制模式被广泛采用。

3) 轮廓控制类数控机床

轮廓控制类数控机床不仅可以实现刀具的点位控制和直线路线控制，还能实现曲线路线控制。在现阶段，市场上能够见到的大多数数控机床(如数控车床、数控铣床、加工中心等)都属于轮廓控制数控机床。

3. 按伺服系统类型分类

按伺服系统类型分类，数控机床可分为开环控制类数控机床、闭环控制类数控机床和半闭环控制类数控机床。

1) 开环控制类数控机床

开环控制类数控机床不带测量反馈装置，通常采用价格低廉的步进电动机。如图 1-10所示，数控系统将脉冲信号发送给步进电动机驱动器，驱动器将电信号调解、转换、放大后驱动电动机转动。一个进给脉冲会使步进电动机转动一个固定的角度，再通过传动链，使机床工作台产生一个单位的位移量。理论上机床工作台移动位移与驱动器接收到的进给脉冲数目成正比。但是在实际使用过程中，受步进电动机步距精度和机床传动精度的影响，控制精度不高。当进给脉冲信号丢失时，数控系统无法获得丢失脉冲信号的数目，故传动误差无法及时获得补偿。

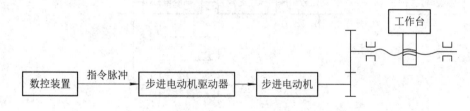

图 1-10　开环控制数控机床的系统框图

开环数控系统的优势在于其结构简单、调试方便、成本较低、容易维修。目前，在一些精度要求不高的数控加工场合，开环控制数控机床系统仍被大量采用。

2) 闭环控制类数控机床

闭环控制类数控机床带有测量反馈装置，能够实时测量工作台的位移量和移动速度，通常采用的是伺服电动机。如图1-11所示，数控系统将脉冲信号发送给伺服电机驱动器，电机驱动器将信号调解、放大后驱动伺服电机转动，从而带动工作台移动。工作台上安装有位移量和速度检测元件，检测元件会将工作台的位移量和速度反馈给数控系统。若在传动过程中出现误差，数控系统会根据检测元件返回的数据进行进一步补偿，最终消除传动误差。

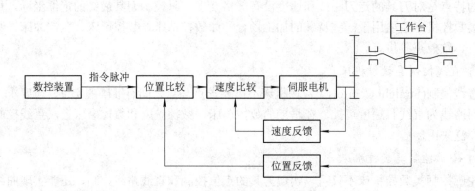

图1-11 闭环控制数控机床的系统框图

闭环控制系统的传动精度较高，控制成本也相对较高。闭环控制系统主要用于一些精度要求较高的数控机床，如精密数控车床、加工中心、数控磨床等。

3) 半闭环控制类数控机床

半闭环控制类数控机床是介于开环控制类数控机床和闭环控制类数控机床之间。如图1-12所示，用安装在电动机轴端的角位移测量传感器来代替安装在机床工作台上的线位移传感器，用角位移检测来代替直线位移检测。由于这种检测模式未将工作台一端的传动误差包含在反馈环内，半闭环控制类数控机床的精度不如闭环控制类数控机床，却强于开环控制类数控机床。

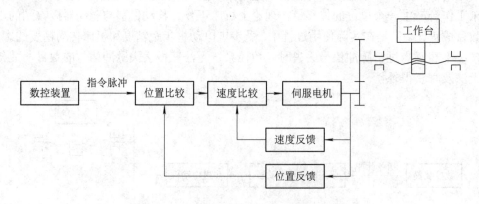

图1-12 半闭环控制类数控机床的系统框图

　　半闭环系统采用的角位移检测元件比闭环系统采用的直线位移检测元件在使用时更方便，而且可以通过提高工作台一端传动副的制造精度来减小误差。当前，半闭环控制数控机床仍然得到了大规模应用。

1.3　数控车床

1.3.1　数控车床的组成

　　数控车床在很大程度上沿用了普通车床的结构，如图 1-13 所示，如床身、主轴箱、三爪卡盘、刀架、尾座、导轨和滚珠丝杠等。为适应高速、高精度切削的要求，数控车床在设计时对上述部件进行了强化和改进。例如，增加床身的结构刚度，提高导轨和丝杠的传动精度和耐磨性，将机械式三爪卡盘改进为液压驱动，将刀架改进为伺服电机驱动的多功能回转式刀架，增加精度检测传感器等。此外，数控车床还有一些特殊部件，如防护门、数控操作面板、MPG 手持单元、对刀仪和脚踏开关等。下面主要对数控车床的几个主要部件作简单介绍。

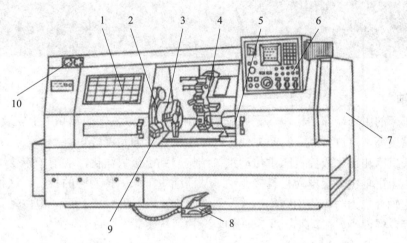

1—防护门；2—主轴；3—三爪卡盘；4—刀架；5—尾座；6—数控操作面板；
7—床身；8—脚踏开关；9—对刀仪；10—压力表。

图 1-13　数控车床结构图

1. 操作面板

　　数控车床的操作面板是控制车床的核心设备，主要由数控系统面板和车床控制面板两部分组成。数控系统面板如图 1-14 所示，显示屏幕可以显示刀架坐标、加工程序、故障信息、系统参数等内容。显示屏幕的右边有 MDI 键盘，用户通过 MDI 键盘可以完成加工程序的输入或删除、屏幕显示内容的调整、系统参数的修改等操作。

　　在数控系统面板的附近，通常还有车床控制面板。如图 1-15 所示，车床控制面板通常包括模式选择按键、运动轴方向按键、切削辅助动作按键、急停旋钮、倍率设置按键/旋钮、屏幕启动/关闭按钮、程序启动/停止按钮、程序调试按键等。

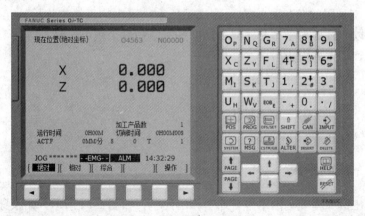

图 1-14　数控系统面板

图 1-15　车床控制面板

2. 主轴

数控车床的主轴端部结构，一般采用短圆锥法兰盘式。主轴的轴端用于安装三爪卡盘。轴端定位精度高、定位可靠、装卸方便，同时主轴的悬伸长度较短。

与普通机床相比，数控机床主传动系统结构得到了极大简化，取消了带传动和齿轮传动，数控机床主轴由内置电动机直接驱动，从而缩短车床主传动链的长度，这种主轴电动机与机床主轴合二为一的传动结构形式，称作电主轴，如图 1-16 所示。电主轴具有结构紧凑、重量轻、惯性小、振动小、噪声低和响应快等优点。

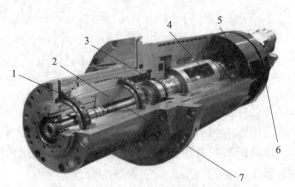

1—轴承；2—主轴轴系；3—冷却系统；4—内置电动机；
5—旋转编码器；6—松拉刀机构；7—刀具拉杆。

图 1-16　机床电主轴

3. 刀架

数控车床刀架是车床的重要组成部分，其主要作用是安装和夹持刀具。刀架的结构和使用性能直接影响车床的切削性能和效率。随着数控车床的发展，数控刀架开始向快速换刀、电液组合驱动和伺服驱动方向发展。国内数控刀架以电动为主，分为立式和卧式两种，如图 1-17、图 1-18 所示。立式刀架有四、六工位两种形式，主要用于简易数控车床；卧式刀架有八、十二、十六等工位，可正反方向旋转，就近选刀，主要用于全功能型数控车床。

　　图 1-17　立式四工位回转刀架　　　　　　　图 1-18　卧式多工位回转刀架

4. MPG 手持单元

数控机床的 MPG 手持单元如图 1-19 所示，主要由手摇脉冲发生器、坐标轴选择开关和倍率选择开关组成。

图 1-19　MPG 手持单元

手动脉冲发生器的中心有光电码盘，其上有环形刻线，摇动手轮后，由光电发射和接收器件读取相位差为 90°的两组正弦波信号 A 和 B。通过判断 A 相和 B 相的先后顺序，给出正转脉冲或反转脉冲，进一步控制伺服电机正转或反转。

用户要移动刀具时，先应将机床置于手摇模式下，然后将坐标轴选择开关拨至要移动的坐标轴，用倍率选择开关设置移动速度，最后摇动手摇脉冲发生器驱动刀具移动。倍率选择开关上的 ×1、×10 和 ×100 分别表示手摇脉冲发生器转动一格时刀具的位移为 0.001 mm、0.01 mm 和 0.1 mm。

5. 脚踏开关

脚踏开关是一种通过脚踩踏来控制电路通断的开关。这种开关通常在双手不能触及的控制电路中使用，以代替双手达到操作的目的。在数控车床中，脚踏开关的作用是控制液压卡盘的夹紧与松开，或尾顶尖的前进与后退。

1.3.2　数控车床的分类

1. 按控制轴数分类

按控制轴数分类，数控车床可以分为普通数控车床和多轴数控车床，如图 1-20 所示的车削中心即为多轴数控车床。普通数控车床可同时控制两个坐标轴，即 X 轴和 Z 轴。多轴数控车床在普通数控车床的基础上，增加了 C 轴、动力头以及刀库，可同时控制 X、Z 和 C 三个坐标轴。

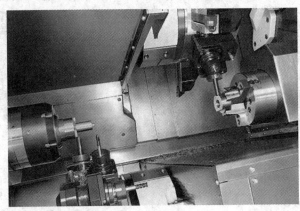

图 1-20　车削中心

2. 按主轴布置方向分类

按主轴布置方向分类，数控车床可以分为卧式数控车床和立式数控车床。卧式数控车床又分为水平导轨卧式数控车床和倾斜导轨卧式数控车床。倾斜导轨结构可以使数控车床具有更大的刚性，并易于排除切屑。立式数控车床简称为数控立车，数控车床主轴垂直于水平面。这类车床主要用于加工径向尺寸大、轴向尺寸相对较小的盘形零件。

3. 按刀架的布置形式分类

按刀架的布置形式分类，数控车床可以分为前置刀架数控车床和后置刀架数控车床。前置刀架数控车床通常采用四方刀架结构，导轨水平布置，如图 1-21 所示。后置刀架数控车床通常采用多工位刀架，导轨倾斜布置，如图 1-22 所示。

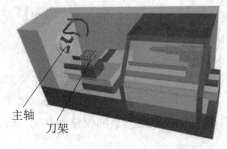

图 1-21　前置刀架数控车床

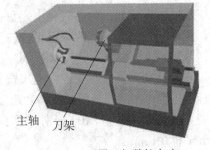

图 1-22　后置刀架数控车床

4. 按数控系统功能分类

按数控系统功能分类，数控车床可以分为经济型数控车床、全功能型数控车床和车削中心。经济型数控车床一般采用开环控制模式，主要用于加工一些精度不高的轴类零件。

全功能型数控车床为较高档次的数控车床，多数为闭环/半闭环控制模式，具有图形显示、刀尖圆弧半径补偿、恒线速控制、固定循环、用户宏程序等功能，可用于加工精度较高、形状复杂的零件。车削中心除可以进行一般车削外，还可以完成径向/轴向铣削、曲面铣削、中心线不在零件回转中心的孔和径向孔的钻削等工序。

1.3.3　数控车床的主要技术参数

数控车床的技术参数如表 1-1 所示，主要包括尺寸参数(外形尺寸、工作台尺寸、各运动轴行程等)、运动参数(主轴转速、刀具快移速度、切削进给速度等)、动力参数(机床额定功率、扭矩等)和精度参数(回转精度、定位精度、重复定位精度等)。

表 1-1　数控车床的主要技术参数(案例)

项　　目		规　　格	单位
外形尺寸(长×宽×高)		2300×1700×1930	mm
最大回转直径		500	
最大切削直径		360	
最大切削长度		500	
标准切削直径		240	
主轴	主轴端部代号	A2-6	
	轴内孔直径	$\phi65$	mm
	转速范围	50～4500	r/min
	转速级数	无级变速	
	最大扭矩	235	N·m
	额定功率	11	kW
卡盘	卡盘直径	8"中空	
刀架	形式	卧式8工位	
	X轴快移速度	30	m/min
	Z轴快移速度	30	
	X轴行程	200	mm
	Z轴行程	550	
尾座	尾座行程	450	
	尾座套筒行程	100	
	尾座锥孔锥度	5#莫氏	
刀杆尺寸	外圆刀	25×25	mm
	镗刀	$\phi20～\phi40$	
最大承重	盘类件	200	kg
	轴类件	500	
机床重量		3600	

1.3.4　常用车刀类型及分类

车刀是机械加工领域使用较为广泛的刀具，车刀按结构分类，可以分为整体车刀、焊接车刀、可转位车刀和成形车刀等。

焊接车刀是采用黄铜、纯铜等软金属将硬质合金刀片焊接在刀杆上所形成的刀具。整体车刀和焊接车刀在磨损之后，很难修复至磨损前的状态。

可转位车刀是采用机械装夹的方法将刀片紧固在刀杆上所形成的刀具。刀具刀尖磨损后，将刀片转过一个角度后便可像新刀具一样进行切削。目前，可转位车刀的应用日益广泛，在车刀中所占比例逐渐增加。

成形车刀是用来加工回转体成形面的专用刀具。在数控车床出现以前，成形车刀广泛应用于复杂回转成形面的中、大批量生产领域。在数控车床出现以后，成形车刀的功能也可以通过编程设置外圆车刀的走刀轨迹来替代。在大批量生产时，成形车刀的精度和效率优势依旧很明显。例如，在数控车床上大批量加工深沟球轴承时，仍然采用成形车刀来加工轴承内圈沟槽，以保障加工精度和加工效率。

按车刀的用途进行分类，车刀可以分为内/外割刀、左偏刀(从左至右加工外圆)、右偏刀(从右至左加工外圆)、直/弯头刀、成形车刀、精车刀、内/外螺纹车刀、内孔车刀等，如图 1-23 所示。

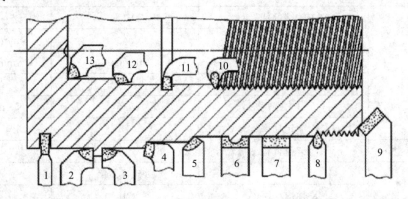

1—割刀；2—左偏刀；3—右偏刀；4—弯头刀；5—直头刀；6—成形车刀；7—宽刃精车刀；
8—外螺纹刀；9—端面车刀；10—内螺纹刀；11—内割刀；12—通孔车刀；13—盲孔车刀。

图 1-23　车床常用刀具

1.4　数控铣床/加工中心

数控加工中心是由数控铣床发展而来的，从某种意义来说，数控加工中心是数控铣床的一种，属于数控铣床。也可以说数控铣床包括数控加工中心。

1.4.1　数控铣床/加工中心的组成

数控铣床/加工中心结构图如图 1-24 所示，都配有数控操作面板、MPG 手持单元、对刀仪和脚踏开关，简易数控铣床不配置防护门，较高档次数控铣床和加工中心都配置防护门。数控铣床和加工中心都可以进行复杂零件的铣削加工。数控铣床和加工中心区别在于，数控铣床通常只有三个伺服轴，只能手动换刀；而加工中心有三个以上的伺服轴，带有刀库和换刀机械手，可以安装不同的刀具并按需自动调用。下面主要对刀库进行介绍。

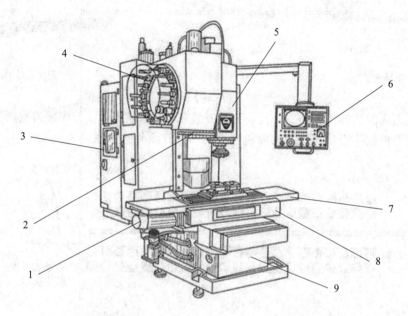

1—X 向进给机构；2—换刀机械手；3—电气柜；4—刀库；
5—主轴；6—数控面板；7—工作台；8—滑座；9—床身。
图 1-24   数控铣床/加工中心结构图

刀库是用来存放在加工过程中所使用的全部刀具的装置，刀库是自动换刀装置中的主要部件之一。刀库形式很多，常见的主要形式有鼓盘式、链条式和格子式。

鼓盘式刀库如图 1-25 所示，结构简单、紧凑，一般安放在机床立柱的侧面或者顶面上。换刀时，鼓盘刀库转动，将选用的刀具传送至取刀点，换刀机械手从刀库中取出刀具并将其安装到主轴上。鼓盘式刀库的容量一般不大，刀具数量一般在 30 把以内。

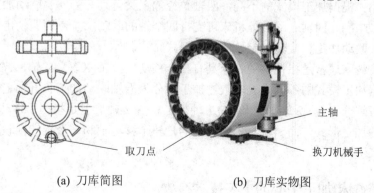

（a）刀库简图   （b）刀库实物图
图 1-25   鼓盘式刀库

链条式刀库如图 1-26 所示，刀具安装在链条上。换刀时，链轮驱动链条将选用的刀具传递至换刀点，换刀机械手将刀具取下并安装到主轴上。链条式刀库有单环链式和多环链式之分，一次性装刀数量为数十把。

　　　　取刀点　　　　　　　　　　　　取刀点

　　(a) 单环链式　　　　　　　　(b) 多环链式　　　　　　　(c) 刀库实物图

图 1-26　链条式刀库

　　格子式刀库的结构如图 1-27 所示，刀具安装在格子型刀库里，刀库装刀数量为数百把。换刀时，换刀机械手沿轨道进入刀库将选用的刀具取出并放置在换刀点。

　　　　　　　　　　　　轨道　　　　　　　　　　　　　取刀点

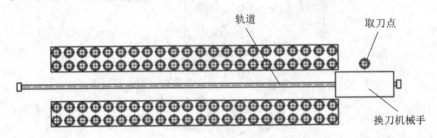

　　　　　　　　　　　　　　　　　　　　　　换刀机械手

图 1-27　格子型刀库

1.4.2　数控铣床/加工中心的分类

　　根据数控铣床的轴数和类型划分，数控铣床可分为三轴数控铣床和多轴数控铣床。三轴数控铣床的数控系统只控制三个移动坐标轴，在实际生产中，这类数控铣床通常用于结构简单、精度要求不高、加工周期短的零件加工。多轴数控铣床通常是指控制轴数在四轴及以上的铣床，四轴和五轴数控铣床最具代表性。

　　四轴数控铣床通常指的是该数控铣床具有三个移动轴(X 轴、Y 轴、Z 轴)和一个旋转轴(通常为 A 轴)。根据加工模式的不同，四轴数控加工又可划分为四轴联动加工和四轴定位加工(3 + 1 轴加工)。四轴联动数控机床可支持四个轴的联动加工，而四轴定位数控铣床仅能支持三个轴联动加工、旋转轴定位的加工形式。

　　五轴数控铣床通常是指该数控铣床具有三个移动坐标轴(X 轴、Y 轴、Z 轴)和两个旋转坐标轴。根据加工模式的不同，五轴数控加工可分为五轴联动加工和五轴定位加工。五轴定位加工又可划分为 3 + 2 轴加工和 4 + 1 轴加工。3 + 2 轴加工是指三个移动轴联动、两个旋转轴定位的加工形式。而 4 + 1 轴加工指的是三个移动轴和一个旋转轴联动、另一旋转轴定位的加工形式。

1.4.3　数控铣床/加工中心的主要技术参数

　　数控铣床/加工中心的主要技术参数如表 1-2 所示，主要包括轴数及类型(四轴联动

加工、四轴定位加工、五轴联动加工、3＋2 定位加工或 4＋1 定位加工等)、尺寸参数
(外形尺寸、工作台尺寸、各运动轴行程等)、运动参数(主轴转速、刀具快移速度、切
削进给速度等)、动力参数(机床额定功率、扭矩等)和精度参数(定位精度、重复定位精
度等)。

表 1-2　数控加工中心技术参数表(案例)

名　称			规　格	单　位
加工中心轴数及类型			四轴定位加工	
机床尺寸(长×宽×高)			3100×2500×2800	mm
工作台	工作台尺寸		1200×600	mm
	最大荷重		700	kg
	T 型槽尺寸		5×18×100	mm/个
加工范围	X 向最大行程		1100	mm
	Y 向最大行程		600	
	Z 向最大行程		600	
	主轴端面到工作台的距离	最大值	700	
		最小值	100	
	主轴中心到 Z 轴导轨面的距离		646	
主轴	锥度(7∶24)		BT40 φ150	
	转速范围		8 000	r/min
	电机功率		11	kW
进给	快移速度		18	m/min
	切削进给速度		0～10 000	mm/min
刀库	刀库形式		圆盘式	
	刀库容量		24	把
	换刀时间		2.5	s
定位精度	精度检测标准		JISB 6336-4—2000 GB/T 18400.4—2010	
	X/Y/Z 轴		±0.008	mm
	X/Y/Z 轴重复定位精度		±0.005	mm
整机重量			6 500	kg

1.4.4　常用铣刀类型及分类

铣刀属于多齿回转刀具，可用于加工各种平面、沟槽和成形表面。常见的铣刀主要有

以下几类：圆柱铣刀、面铣刀、立铣刀、三面刃铣刀、键槽铣刀、球头铣刀、角度铣刀和成形面铣刀等。

1. 圆柱形铣刀

圆柱形铣刀刀齿分布在铣刀的圆周上，主要用于卧式铣床上加工平面。刀齿分为粗齿和细齿两种，粗齿铣刀齿数少、强度高、容屑空间大，适用于粗加工；细齿铣刀适用于精加工。

2. 面铣刀

面铣刀端面和圆周上均有刀齿，用于立式铣床、端面铣床或龙门铣床上加工平面。

3. 立铣刀

立铣刀主切削刃位于圆柱表面上，副切削刃位于端面上，可用于加工沟槽和台阶面等。副切削刃没有通过中心，所以不能沿轴线方向做进给运动。

4. 三面刃铣刀

三面刃铣刀两侧面和圆周上均有刀齿，可用于加工各种沟槽和台阶面。

5. 键槽铣刀

键槽铣刀外形与立铣刀类似，不同之处在于键槽铣刀的圆周上只有两个螺旋刀齿，端面刀齿的切削刃延伸至中心，可以进行轴向进给。键槽铣刀主要用于加工键槽与沟槽。

6. 球头铣刀

球头铣刀切削刃分布在球头上，在数控加工中心上，球头铣刀主要用于加工复杂的三维曲面。

7. 角度铣刀

角度铣刀有单角和双角铣刀两种，单角铣刀的圆锥面为主切削刃，端面为副切削刃，而双角铣刀的两个圆锥面均为主切削刃。角度铣刀可用于铣削有一定角度的沟槽。

8. 成形面铣刀

成形面铣刀是根据零件轮廓设计制造的专用刀具，经常用于大批量生产，具有较高的生产效率和加工精度。

1.5 数 控 系 统

1.5.1 典型数控加工系统

目前，发那科 FANUC(日本)、西门子 SIEMENS(德国)、法格 FAGOR(西班牙)等公司的数控系统及相关产品在国际数控机床行业占据着主导地位。国内以华中数控、广州数控、航天数控为主要代表，也已研发出高端数控产品。

1. FANUC 数控系统

FANUC 是日本一家专门研究数控系统和工业机器人的公司，其数控系统占据了全球50%的市场份额。FANUC 数控系统主要有以下几个系列：

1) Power Mate 0 系列

Power Mate 0 系列用于控制 2 轴的小型车床，取代步进电动机的伺服系统；可配画面清晰、操作方便、中文界面的 CRT/MDI，也可配置性价比高的 DPL/MDI。

2) CNC 0-D 系列和 CNC 0-C 系列

0-TD 用于车床，0-MD 用于铣床及小型加工中心，0-GCD 用于圆柱磨床，0-GSD 用于平面磨床，0-PD 用于冲床。全功能型的 0-C 系列 0-TC 用于通用车床、自动车床，0-MC 用于铣床、钻床、加工中心，0-GCC 用于内、外圆磨床，0-GSC 用于平面磨床，0-TTC 用于双刀架 4 轴车床。

3) 0i 系列

FANUC 0i-MODEL D 和 FANUC 0i-MODEL F 为 0i 系列的最新型号。

FANUC 0i-MODEL D 系列产品包括：车床系统(FANUC 0i-TD、FANUC 0i-Mate TD)和铣床/加工中心系统(FANUC 0i-MD、FANUC 0i-Mate MD)。该系列产品采用 FANUC 30i/31i/32i 平台技术，数字伺服采用 HRV3 及 HRV4，可以具有纳米插补功能，实现高精度纳米加工。同时具有 AICC(AI contour control，高精度轮廓控制)，实现高速微小程序段加工，特别适宜高速、高精度、微小程序段模具加工。在 PMC 配置上也有了比较大的改进，采用新版本的 FLADDER 梯形图处理软件，增加到了 125 个专用功能指令，并且可以自己定义功能块，实现多通道 PMC 程序处理，兼容 C 语言 PMC 程序。作为应用层的开发工具，提供了 C 语言接口，机床厂可以方便地用 C 语言开发专用的操作界面。在硬件配置上，FANUC 0i-MD 和 FANUC 0i-TD 系列标准配置以太网卡，FANUC 0i-Mate MD 和 FANUC 0i-Mate TD 可选 8.4 英寸(注：1 英寸 = 2.54 厘米)彩色液晶显示器，总体配置有所提升。

FANUC 0i-MODEL F 系列是 FANUC 推出的最新一代 CNC 产品，包括车床系统(FANUC 0i-TF，如图 1-28 所示)、铣床/加工中心(FANUC 0i-MF)和冲床系统(FANUC 0i-PF)。为了实现高速、高精度、高质量加工，FANUC 0i-MODEL F 系列推出了高速高质量加工软件包。

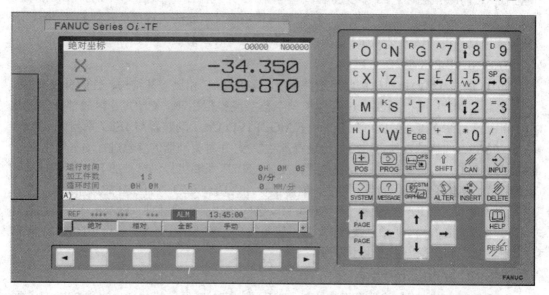

图 1-28　FANUC 0i-TF 数控系统面板

该功能软件包具有可以减轻机床冲击，进而平顺地进行高速高精和高质量的加工，以及拥有可方便调整加工表面质量、精度和加工时间的功能，包括 AICC Ⅱ、加速控制、平滑公差控制、加工面质量级别调整和加工条件选择功能。其中，全新的平滑公差控制功能可以根据指定的加工允许误差(公差)，在公差范围内自动生成平滑路径，方便地变更加工精度。FANUC 0i-MODEL F 仅通过一根 I/O Link i 电缆就能传送与机器人动作相关的所有信号，并自动分配 CNC 与机器人接口所需的数字输入/输出信号。在结合使用过程中，CNC 和机器人可在各自的画面上相互对另一方进行状态显示、确认和操作，有效提升使用便利性。

4) 16i/18i/21i 系列

控制单元与 LCD 集成于一体，具有网络功能，能进行超高速串行数据通信。其中 FS16i-MB 的插补、位置检测和伺服控制以纳米为单位。16i 最大可控 8 轴，6 轴联动；18i 最大可控 6 轴，4 轴联动；21i 最大可控 4 轴，4 轴联动。

除此之外，还有实现机床个性化的 CNC16/18/160/180 系列。

2. SIEMENS 数控系统

SIEMENS 是德国一家从事自动化技术、工业控制和驱动技术研究的公司，总部位于德国慕尼黑和柏林，其数控系统在全球处于领先地位。经过数十年的发展，逐步形成了以下几个系列：

1) SINUMERIK 802S/C 系列

SINUMERIK 802S 系列数控系统包括 802S/Se/S Baseline、802 C/Ce/C Baseline 等型号，它是西门子公司 20 世纪 90 年代末专为简易数控机床开发的集 CNC、PILC 于一体的经济型控制系统。802S/C 采用独立操作面板 OPO20 与机床控制面板 MCP，显示器 5.7 英寸单色液晶显示，PLC 的 I/O 模块与 ECU 间通过总线连接。

802S/C 数控系统采用 32 位微处理器(AM486DE2)、分离式操作面板(OPO20)和机床控制面板(MCP)，可控制 2～3 个步进电动进给轴和一个伺服主轴(或者变频器)。PLC 模块带有 16 点数字输入和 16 点数字输出，输入/输出模块通过总线插头直接连接到 ECU 模块上，输入/输出点数可根据需要增加 I/O 模块，可扩展至 64 点输入和 64 点输出。

2) SINUMERIK 802D 系列

802D 是普及型数控机床的常用数控系统，与 802S/C 相比，其结构、性能有较大的改进与提高。802D 可控制四个进给轴和一个数字或模拟主轴，CNC 各组成部件间利用 PROFIBUS 总线连接。802D 可配套采用 SIMODRIVE6Ue 驱动装置与 1FK7 系列伺服电机，基于 Windows 的调试软件可以便捷地设置驱动参数，并对驱动器的参数进行动态优化 802D 内置集成 PLC，可对机床进行开关量逻辑控制。802D 还随机提供标准的 PLC 子程序库和实例程序，简化了制造厂的设计过程，缩短了设计周期。802D 具有友好的操作界面、单色或彩色 104 英寸 TFT 显示器、水平和垂直安装的全功能数控键盘、标准机床控制面板、RS232 串行接口、生产现场总线接口、标准键盘接口、PC 卡(用于数据备份和批量生产)等，这些都为操作和编程人员提供了方便。

3) SINUMERIK 810D 系列

SINUMERIK 810D 系列将驱动控制和 NC 控制集成在同一模块上。采用 32bit 的微处理器、三轴联动控制，最高可扩展到五轴联动。拥有 RS232 通信接口，编程可采用固定循环及自动子程序等。

4) SINUMERIK 840D 系列

SINUMERIK 840D 系列如图 1-29 所示，保持着西门子前两代系统 SINUMERIK 880 和 840C 的三 CPU 结构：人机通信 CPU(MMC-CPU)、数字控制 CPU(NC-CPU)和可编程逻辑控制器 CPU(PLC-CPU)。这三部分在功能上既相互分工，又互为支持。在物理结构上，NC-CPU 和 PLC-CPU 合为一体，合成在 NCU(Numerical Control Unit)中，但在逻辑功能上相互独立。

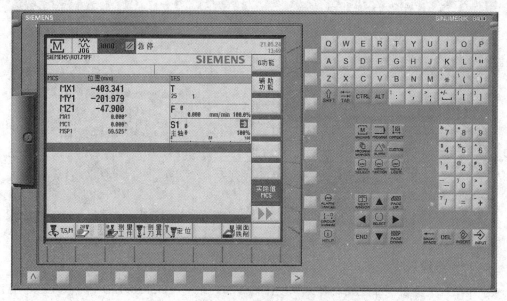

图 1-29　SINUMERIK 840D 数控系统面板

在 SINUMERIK 840D 中，数控和驱动的接口信号是数字量，通过驱动总线接口，挂接各轴驱动模块。最多可以配 31 个轴，其中可配 10 个主轴。SINUMERIK 840D 可以实现 X、Y、Z、A、B 五轴的联动加工，任何三维空间曲面都能加工；可以实现加工、参数设置、服务、诊断及安装启动等几大软件功能；还可以与异域 PC 机通信，完成修改 PLC 程序和监控机床状态等远程诊断功能。SINUMERIK 840D 数控系统内装 PLC 最大可以配 2048 输入和 2048 输出，而且采用了 Profibus 现场总线和 MPI 多点接口通信协议，大大减少了现场布线。

3. 华中数控系统

"世纪星"系列数控系统是华中数控的典型产品。HNC-21/22T 为车床系统，HNC-21/22M 为铣床/加工中心系统。该系统采用开放式体系结构，内置嵌入式工业 PC，支持最大联动轴数为 4 轴。该系统配置 8.4 英寸或 10.4 英寸彩色液晶显示屏和通用工程面板，集成进给轴接口、主轴接口、手持单元接口、内嵌式 PLC 接口于一体，采用电子盘程序存储方式以及软驱、DNC、以太网等程序交换功能，具有低价格、高性能、配置灵活、结构紧凑、易于使用、可靠性高的特点。

华中 8 型数控系统包括车床系统(HNC-808T、HNC-818T)和铣床/加工中心系统(HNC-808M、HNC-818Di/M、HNC-848Di，如图 1-30 所示)。华中 8 型数控系统为总线式数控装置，产品稳定可靠；采用新平台软件，定制化的软件开发更加简便快捷；MCP 面板采用分体式结构，模块化设计，可支持客制化；支持 USB、以太网等程序扩展和数据交换功能；支持 NCUC 及 EtherCat 总线式远程 I/O 单元和集成手持单元；支持多种安装方式，与机床外观更加融合。华中 8 型数控系统全新设计的 IPC 单元，更薄更小，功耗更低，运算速率更高。

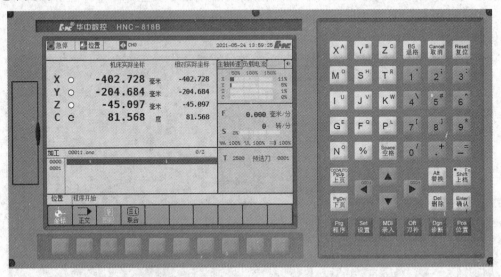

图 1-30 华中数控 HNC-818B 数控系统面板

4. 广州数控系统

广州数控的典型产品主要有车床系统(GSK928T 系列、GSK980TD 系列、GSK988TD 系列等)、铣床/加工中心系统(GSK25i/GSK208D/GSK218MC/GSK988MA/GSK990MC 等，如图 1-31 所示)和磨床数控系统(GSK986G/GSK986Gs 等)。

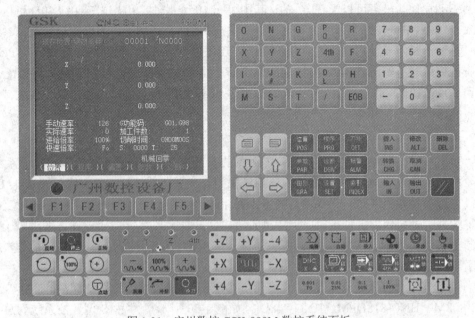

图 1-31 广州数控 GSK-990M 数控系统面板

GSK928Ti 车床数控系统是 GSK928T 系列中最新的 4 轴控制数控产品。采用高性能双核 CPU 和超大规模可编程门阵列集成电路芯片 FPGA 构成控制核心，实现 μ 级精度运动控制。全新的面板结构搭载了 1024×600 点阵的 9 英寸真彩色液晶显示屏，配合全新设计的显示界面，让人耳目一新。该系统可配套多圈 17 位绝对式编码器伺服电机或增量式编码器电机，通过编程可以完成外圆、端面、切槽、锥度、圆弧、螺纹等加工。此外，项目研发团队针对效率提升、全自动生产线等方面进行了大量研究工作，为该系统增加了自动送料、多边形车削等功能，以满足用户的各种加工需求。

GSK988MA 系列数控系统为铣削加工中心数控系统，基于双核硬件架构，支持自主知识产权的 GSK-Link 工业以太网总线与伺服驱动单元及 I/O 单元相连，也支持 EtherCAT 总线，适配标准 CoE 接口伺服和 I/O 单元。该系统支持速度前瞻(look-ahead)技术、高次样条拟合技术，支持铣车复合加工，支持蓝图编程功能、编程引导功能，支持完善的工艺帮助，支持远程监控等，能满足加工中心应用及模具加工应用要求。

1.5.2　数控系统的主要功能

1. 运动轴控制功能

数控系统控制的运动轴主要指移动轴和旋转轴。数控车床在进行加工过程中，至少需要实现三轴定位控制和两轴联动控制。数控铣床/加工中心往往需要实现四轴以上定位控制和三轴以上联动控制。轴数越多，数控系统就越复杂，编程难度越大。

2. 准备功能

准备功能用于实现对机床动作方式的设定。准备功能包括刀具的运动形式设定、工件坐标系设定、加工平面设定、刀具补偿设定、绝对/增量坐标设定、公/英制转换等。

3. 插补和补偿功能

插补功能是指数控系统实现加工轨迹的运算功能。大多数数控系统均支持圆弧插补和直线插补功能，高档数控机床还支持螺旋线插补、抛物线插补和样条曲线插补等功能。

数控系统的补偿功能主要分为三类，即传动链误差补偿、综合加工误差补偿和刀具半径与长度补偿。

1) 传动链误差补偿

数控机床传动链误差主要包括定位误差、反向间隙误差和重复定位误差。定位误差在很大程度上是由传动链中的滚珠丝杠螺距的制造误差引起的，反向间隙和重复定位误差主要由丝杠螺母配合间隙和齿轮传动间隙引起的。目前，大多数数控系统均可提供螺距误差补偿功能和反向间隙补偿功能来弥补传动链制造精度的不足。

2) 综合加工误差补偿

在数控加工过程中还存在诸多误差，如刀具热变形引起的误差、刀具磨损引起的误差、机床和工件受力变形引起的误差等。在数控系统中，可以通过输入特定的参数来对这些误差进行补偿。

3) 刀具半径补偿与长度补偿

用户在编制数控加工程序时，通常是根据零件轮廓来设计加工轨迹，数控系统控制着刀具刀位点按编程轨迹运动。在加工过程中如果存在换刀操作，就必须对刀具进行半径和长度补偿，以消除刀具尺寸变化对零件加工的影响。进行刀具半径和长度补偿的方法如下：

(1) 在数控系统中输入刀具半径和长度补偿值；

(2) 在编制加工程序时，在适当位置使用指令建立刀具半径补偿和长度补偿，加工结束后再使用指令取消刀具半径补偿和长度补偿功能。

4. 固定循环功能

在数控加工过程中，某些加工工序往往需要按照一定的规律重复进行。比如，在钻孔过程中，钻头先定位到孔的正上方，然后快移至参考平面，开始切削加工，加工到孔底后快速回退。数控系统将这些典型的重复动作定义为固定循环指令，在加工时直接调用固定循环指令便可以完成这些重复动作。数控车床系统中常用的循环指令有单一内外径切削循环指令、内外径复合切削循环指令、端面车削循环指令、螺纹车削循环指令和螺纹车削复合循环指令等。在数控铣床/加工中心系统中常用的循环指令包括钻孔循环指令、镗孔循环指令、攻丝循环指令等。

5. 刀具进给控制功能

数控系统的进给控制功能用来实现对坐标轴移动速度的控制。一般分为两种情况：

(1) 在单轴模式下(如外圆车削过程中)，控制刀具相对于工件的移动速度，单位为 mm/min。

(2) 在联动模式下(如螺纹车削过程中)，控制刀具相对于工件的移动速度，单位为 mm/r。

6. 主轴控制功能

数控系统对主轴的控制功能主要体现在以下几个方面：

(1) 对主轴转速的控制，单位为 r/min。

(2) 对切削过程实现恒线速度控制，单位为 m/min。

(3) 实现对主轴定向控制，让主轴准确停靠在某一特定位置。例如，在镗孔过程中，镗刀加工至孔底时，在孔底准确暂停，然后径向回退一定距离后再沿轴向退出。

(4) 实现对 C 轴控制，主轴轴向任意控制的功能。例如，在进行螺纹精加工过程中，可以控制刀具从粗加工形成的端面入口切入。

(5) 实现对主轴转速的修调。通过面板上的倍率调整旋钮实现对主轴转速的调整，通常调整范围为 0～200%。

7. 刀具管理功能

数控系统对加工过程中所采用的刀具进行编号，实现对刀具几何尺寸、刀尖号和刀具寿命的管理。

8. 辅助操作控制功能

数控系统可实现对加工过程中辅助操作的控制。例如：主轴启动/停止、主轴正/反转、切削液开/关、换刀、子程序调用等功能。

9. 人机对话、自诊断和通信功能

数控系统支持人机对话功能，用户可直接在系统操作面板上输入指令来控制机床的运行，也可以根据显示屏上的信息判断机床的运行状态。大多数数控系统都有自诊断功能，在机床出现故障时，可通过显示屏的信息进行故障诊断。多数数控系统都具有通信接口，可

以与上位机或工业机器人等设备进行信息和数据交换。

课 后 习 题

1. 问答题

(1) 什么是数控技术？数控加工的原理是什么？

(2) 与传统加工工艺相比，数控加工技术具有哪些优点？

(3) 数控机床的组成部件主要有哪些？

(4) 数控系统的主要功能有哪些？

2. 论述题

(1) 扫描如下二维码，观看央视《大国重器》纪录片。结合本章节的学习内容，谈谈你对国产数控技术在我国装备制造业发展过程中的重要作用的认识。

央视《大国重器》

(2) 扫描如下二维码，观看央视《大国工匠》纪录片——"常晓飞的感人事迹"。作为正在学习数控加工技术的新时代青年大学生，在立足社会、提升自身素养的同时，怎样做才能实现报效祖国的人生使命。

央视《大国工匠》

第2章　数控加工工艺与编程基础

 教学目标

在学习数控编程之前，我们需要了解数控加工工艺的基础知识。这些基础知识包括数控加工工艺设计、工艺图样的数学处理方法、数控机床坐标系与参考系、数控机床对刀方法、数控编程指令基础等内容。通过本章节的学习，学生应该做到：

(1) 了解数控加工工艺的内容及其数学处理方法。

(2) 了解机床坐标系的定义及其相互关系。

(3) 掌握数控加工程序指令结构及其格式。

(4) 能够完成典型零件的工艺路线设计工作。

2.1　数控加工工艺设计

就机械加工基本理论而言，数控机床的加工工艺与普通机床的加工工艺大体是相同的。数控加工的特殊性在于，数控加工过程是在程序控制下完成的。因此，数控加工又有以下特点：

1. 集中原则

数控机床是自动化程度很高的加工设备，非常适合采用工序集中原则编排加工工艺。例如，在加工中心上采用机械手换刀，可以完成铣削、镗削、钻削、攻螺纹等多种加工内容，而在普通机床上则需要更换多台机床和增加多个工序才能完成零件加工。

2. 工序复杂

与普通机床相比，数控机床加工范围广、加工精度高、使用成本也较高。因此，数控机床经常用来加工普通机床无法加工的工序复杂的零件(如自由曲面、高精度成形面等)。

3. 工步详细

数控机床完全按照加工程序进行加工，所以在设计工艺时，必须详细设计工步内容，如确定对刀点、换刀点及走刀路线等，并将其编入数控加工程序。否则，在数控加工过程中，可能会出现撞刀等风险。

在进行零件加工工艺设计时要注意，数控加工工艺仅是零件机械加工工艺的一部分。因此，在设计加工工序时必须考虑零件的哪一部分内容应该在数控机床上完成。通常，应考虑以下几点因素：

(1) 使用普通机床无法加工的内容，如阶梯轴上的环槽、箱体上的自由曲面等。

(2) 使用普通机床加工时，加工质量无法保证的内容。

(3) 使用普通机床加工时，生产效率低，工人劳动强度大的内容。

(4) 在实际生产中，综合考虑加工效率、生产成本、加工质量等多方面因素后，发现数控加工产生的综合效益更高。

零件的数控加工工艺设计通常包括工序划分、加工顺序安排、装夹方案设计、切削用量和走刀轨迹等内容。

2.1.1　加工工序划分

与普通机床加工相比，数控机床加工具有工序集中的特点。工件一次装夹下能完成多个表面的加工，因此带有数控加工工序的机械加工过程往往工序数量不多。根据数控加工的特点，数控加工工序的划分通常可按以下原则进行：

(1) 一次装夹作为一道工序。

数控加工中常采用工序集中原则来划分工序。工序集中原则是指工件在一次装夹下安排多个表面的连续加工。当工件上待加工表面比较多，表面与表面之间有较高的位置度要求时，常常将工件一次装夹作为一道工序。工序集中原则有利于缩短加工工艺路线和生产周期，减小工件定位误差并保证加工精度。

(2) 一把刀具(或几把刀具)的加工内容作为一道工序。

当一把刀具的加工内容比较多时，可将该刀具的加工内容作为一道工序。例如，某箱体零件上有数量众多的$\phi 8$和$\phi 12$的孔，可将$\phi 8$孔系和$\phi 12$孔系的加工视为两道工序，先加工$\phi 8$孔系，加工完成后再进行$\phi 12$孔系的加工。这样划分工序的好处是，能够有效减少数控加工过程中的换刀次数，提升加工效率。

在某些加工场合，也可以将几把刀具的加工内容视为一道工序。例如，某轴类零件的加工需要使用 6 把刀具，而四方刀架数控车床只能安装四把刀具，可将这四把刀具的加工内容视为一道工序，待加工完成后再在另外一台数控车床上完成后两把刀具的加工内容。

(3) 加工部位划分工序。

对于加工内容比较多的零件，可以按加工部位进行工序的划分。例如，箱体零件在加工过程中，可以将腔内加工表面看作一道工序，将外表面的加工视为另一道工序。

(4) 粗、精加工划分工序。

在批量加工某一零件时，若毛坯余量较大，可先安排粗加工工序，然后再进行精加工。

2.1.2　加工顺序安排

加工顺序的安排应根据零件结构、技术要求、毛坯形状、定位与装夹要求等综合考虑。与普通机床加工类似，数控机床加工顺序安排一般情况下应符合以下原则：

(1) 基准先行。作为定位基准的表面，应该首先进行加工。后边工序的定位基准应该在其前几道工序中完成加工。

(2) 先粗后精。先进行粗加工、然后再进行半精加工和精加工，逐级提高加工精度。

(3) 先主后次。先进行主要表面的加工，次要表面可以穿插在主要表面中间的适当位置进行加工。

(4) 先面后孔。在钻孔前应先对钻孔表面进行铣削加工，避免因工件表面不平整而导致钻头引偏。

(5) 先难后易。将加工难度大、合格率较低的工序安排在靠前的加工位置，能够有效减少总工序的数量。如表 2-1 所示，某零件(总数为 100 件)由 A、B 两道工序完成，A 工序合格率为 60%，B 工序合格率为 90%。若先加工 A 工序再加工 B 工序，总工序数量为 160道。反之，先进行 B 工序再进行 A 工序，总工序数量为 190 道。

表 2-1　工序安排与工序数量

工序安排	先 A 后 B	先 B 后 A
合格零件数量(件)	54	54
总完成工序数量(道)	100(A 工序) + 60(B 工序) = 160	100(B 工序) + 90(A 工序) = 190

除上述原则外，数控加工中的加工顺序安排还得考虑以下几点：

(1) 上道工序的加工不能影响下道工序的定位与夹紧。

如图 2-1 所示的零件，若先进行右端锥面和球面的加工后，再掉头加工左端外圆，掉头后无法采用通用夹具装夹，这便增加了加工难度和成本。合理做法应该是，先以毛坯外圆定位加工左侧外圆及退刀槽，然后以左侧外圆定位加工右侧锥面和球面。

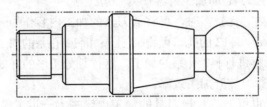

图 2-1　某轴类零件

(2) 以相同定位方式或相同刀具加工的表面，应尽可能地看成一道工序，进行连续加工。

(3) 零件有内表面加工要求时，应先进行内表面的加工，然后进行外形的加工。

2.1.3　装夹方案设计

确定装夹方案时遵循的原则如下：

(1) 尽可能做到设计基准、定位基准和编程基准的统一。

(2) 在零件批量不大时，应尽可能优先选用通用夹具(三爪卡盘、平口钳等)进行装夹。

(3) 零件体积较大时，一次装夹后应加工尽可能多的表面，以减少挪动和装夹次数。

(4) 夹紧力的方向应朝向主要定位表面，作用点落在零件刚性较好的位置。

2.1.4　切削用量选择

数控加工切削用量的确定方法、原则与普通机床加工相同。在选择切削用量时，要充分考虑刀具的切削性能和数控机床的动力性能(功率、扭矩等)，在保证加工质量的前提下，获得较高的生产效率和较低的加工成本。

切削用量的选择原则如下:

(1) 要能满足零件加工质量的要求(主要指表面粗糙度和加工精度)。

(2) 在工艺系统强度和刚性允许的条件下,充分利用数控机床功率并发挥刀具切削性能。

对于数控机床切削用量的选择,应根据数控机床说明书、切削用量手册和具体加工条件(刀具情况、工件材料、切削液条件等)进行确定。

2.1.5　走刀路线设计

走刀路线即刀具在加工过程中的运动轨迹,其不仅能够反映工序内各工步的内容,还能反映各工步的加工顺序。走刀路线是后续进行数控程序编制的依据之一。

确定走刀路线时,要充分考虑以下几点原则:

(1) 加工路线最短原则。

在切削用量已确定的条件下,应合理安排走刀路线,使加工过程中的走刀路线尽可能短。图 2-2 所示为零件的钻孔方案,方案一为内外圆周上的孔分别加工,方案二为内外圆周上的孔交替加工。很明显,方案二的走刀路线要短于方案一,因此方案二更有助于节省加工时间。

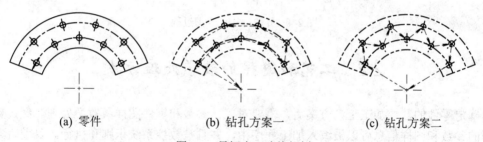

(a) 零件　　　　　　(b) 钻孔方案一　　　　　　(c) 钻孔方案二

图 2-2　最短走刀路线规划

(2) 尽可能保证最终表面的加工质量。

进行内外轮廓切削时,为保证工件轮廓表面粗糙度的均匀性,沿轮廓表面应至少安排一次完整的走刀过程。

图 2-3 所示为外轮廓车削加工过程,在完成零件毛坯的轴向粗车后,刀具要沿着零件外轮廓线(A→B→C→D→E)走一遍,以保证加工表面质量。

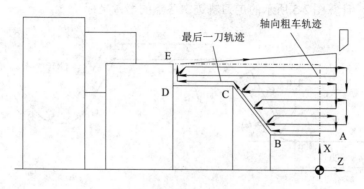

图 2-3　外轮廓加工走刀过程

(3) 选择合理的切入、切出位置和进给速度。

刀具的切入和切出线最好为零件轮廓线的切线，以保证加工轮廓的光顺性。下刀和抬刀位置应尽量选择在零件轮廓线之外，避免直接在零件轮廓线上下刀和抬刀。刀具在移动时尽量保持恒线速度，避免因切削速度变化在零件表面产生刀痕。

图 2-4 所示为外轮廓的铣削过程，刀具沿零件外轮廓的切线切入。刀具与轮廓接触后保持匀速移动，尽量避免因切削速度变化而产生加工刀痕。刀具切出工件时，也要沿轮廓切线方向切出。

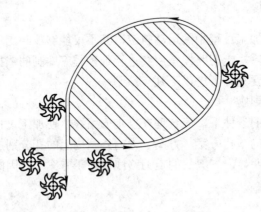

图 2-4 外轮廓加工走刀过程

2.2 工艺和图样的数学处理方法

确定零件的数控加工工艺方案后，需要对工艺参数和零件图样做数学处理。经过数学处理的参数和图样信息可以被编入加工程序中，并且被数控系统识别和执行。目前，常用的数学处理方法有数学计算法、辅助测量法和插值逼近法。

2.2.1 数学计算法

数控机床都具有直线插补和圆弧插补功能，因此，对于由直线和圆弧构成的轨迹曲线，在编程时直接计算各结点的坐标值即可。

【例 2-1】 计算图 2-5 所示的走刀轨迹中各点的增量坐标。

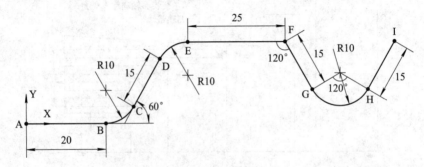

图 2-5 走刀轨迹的数学处理

(1) 刀具路线 A→B→C:

$X_B = 32$,　$Y_B = 0$

$X_C = 10 \sin60° = 8.66$,　$Y_C = 10 - 10 \cos60° = 5$

(2) 刀具路线 C→D→E:

$X_D = 15 \cos60° = 7.5$,　$Y_D = 15 \sin60° = 12.99$

$X_E = 10 \sin60° = 8.66$,　$Y_E = 10 - 10 \cos60° = 5$

(3) 刀具路线 F→G→H→I:

$X_F = 25$,　$Y_F = 0$

$X_G = 15 \cos60° = 7.5$,　$Y_G = -15 \sin60° = -12.99$

$X_H = 20 \sin60° = 17.32$,　$Y_H = 0$

$X_I = 15 \cos60° = 7.5$,　$Y_I = 15 \sin60° = 12.99$

2.2.2　辅助测量法

　　数学计算法适用于走刀路线短且比较简单的情况。复杂走刀路线可以采用 CAD/CAM 软件辅助测量法。用户将走刀路线输入 CAD/CAM 软件,软件可以测量出关键点的位置坐标。在复杂零件的数控加工领域,辅助测量法得到了很大的应用,能够大幅度降低劳动强度,提升编程效率。

2.2.3　插值逼近法

　　插值逼近法是一种近似处理的方法,采用多段线元(直线段或圆弧段)来逼近复杂的轨迹路线,然后用这些线段来替代原有刀具路线。插值逼近的方法很多,常用的有等间距直线逼近法、等步长直线逼近法、等误差直线逼近法、圆弧逼近法等,如图 2-6 所示。

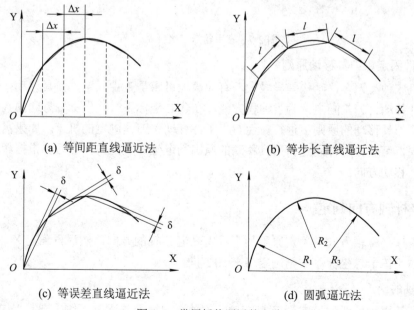

(a) 等间距直线逼近法　　　　　　　　　　(b) 等步长直线逼近法

(c) 等误差直线逼近法　　　　　　　　　　(d) 圆弧逼近法

图 2-6　常用插值逼近的方法

2.3　坐标系与参考点

在数控编程过程中，零件图样、刀具移动路线等信息都要以坐标形式输入数控系统中，因此了解数控机床的坐标系统是进行数控编程的首要任务之一。

2.3.1　坐标系设定原则

数控机床坐标系一般遵循两个原则，即右手笛卡尔坐标系原则和工件固定、刀具移动原则。

1. 右手笛卡尔坐标原则

右手笛卡尔坐标系的确定方法如图 2-7 所示，将右手置于坐标系中，拇指、食指和中指呈相互垂直状态，拇指、食指和中指分别代表坐标系的 X 轴、Y 轴和 Z 轴。将 X 轴、Y 轴和 Z 轴的旋转轴分别定义为 A 轴、B 轴和 C 轴。用右手握住坐标轴时，拇指朝向为坐标轴正向，当旋转轴方向与其他四根手指握住方向一致时，则旋转轴为正向旋转，反之为负向旋转。

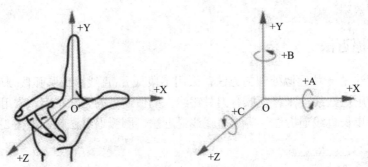

图 2-7　右手笛卡尔坐标系

2. 工件固定、刀具移动原则

数控机床种类繁多，结构差异较大，有的数控机床是工件固定、刀具移动；也有一些机床是工件移动、刀具固定。为了编程方便，在建立坐标系时，坐标轴方向的判定统一在工件固定、刀具移动的原则下进行。而对于工件移动、刀具固定的机床，如果需要判定工件移动方向，可以按工件固定、刀具移动的原则判定坐标轴方向，然后再根据相对运动关系判断工件移动方向。

2.3.2　坐标轴方向判定

数控机床坐标轴方向的确定原则如下：先确定 Z 轴的方向，然后再确定 X 轴的方向，最后根据右手笛卡尔坐标系原则确定 Y 轴的方向。

1. Z 轴的确定

以平行于主轴轴线的方向为 Z 轴方向，Z 轴正向为刀具远离工件的方向，如图 2-8 所示的卧式车床和立式铣床。

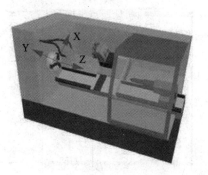 

(a) 卧式车床坐标系   (b) 立式铣床坐标系

图 2-8 卧式车床和立式铣床坐标系

2. X 轴的确定

在工件旋转的机床(车床、外圆磨床)上，X 轴的方向是径向，与横向导轨平行，刀具离开工件旋转中心的方向为正向；刀具旋转的机床，若 Z 轴在垂直方向(如立式铣床、镗床、钻床)，则从刀具主轴向床身立柱方向看，右手平伸为 X 轴正向；若 Z 轴在水平方向，如图 2-9(a)所示的卧式铣床、镗床，则沿刀具主轴后端向工件看，右手平伸为 X 轴正向。对于龙门式铣床而言如图 2-9(b)所示，站在机床操作面板前，向左侧立柱看，右手平伸为 X 轴正向。

(a) 卧式铣床坐标系   (b) 龙门式铣床坐标系

图 2-9 卧式铣床和龙门式铣床坐标系

3. Y 轴的确定

在确定了 X 轴、Z 轴方向之后，Y 轴方向可通过右手笛卡尔坐标系准则判定。

2.3.3 机床原点坐标系与参考点

机床原点坐标系是机床上固有的坐标系，其坐标系原点也称机床零点或机械零点，位置由厂家在制造机床时确定，用户不能轻易修改。通常，对于数控车床而言，机床原点坐标系可以设定在主轴端面与轴线的交点处，也可以设定在各运动坐标轴的正向极限位置处，如图 2-10 所示。

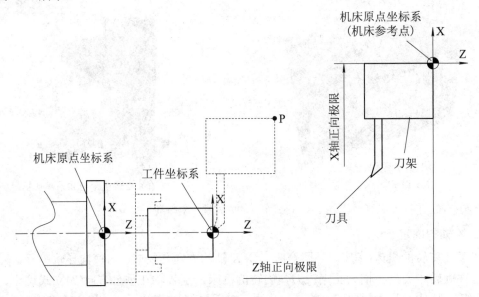

图 2-10　数控车床坐标系

　　用户可以通过观察车床屏幕上刀架绝对坐标来判断原点坐标系的位置。若刀架坐标值均为正值，如图 2-11 所示的广州数控 928TA 车床系统，则机床原点坐标系位于主轴端面与轴线的交点处。若刀架坐标值均为负值，如图 2-12 所示的 FANUC 0i Mate-TD 车床系统，则机床原点坐标系位于各运动坐标轴的正向极限位置处。

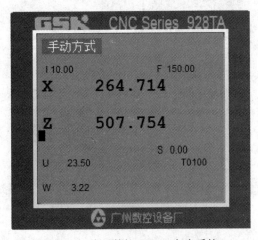

图 2-11　广州数控 928TA 车床系统

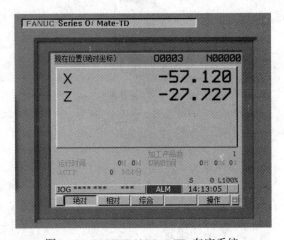

图 2-12　FANUC 0i Mate-TD 车床系统

　　对于数控铣床而言，机床原点坐标系通常设定在各运动坐标轴的正向极限位置处。机床原点坐标系是建立其他坐标系的基准坐标系(其他坐标系为机床原点坐标系的偏置坐标系)。

　　早期数控机床系统的检测元件是增量编码器，在数控系统启动后需要校准刀架与机床原点坐标系原点间的位置关系，此时必须进行返回机床参考点操作。机床参考点通常为机床的参考位置，也是机床上一个特殊的固定点。返回机床参考点的目的是建立数控机床位置测量、控制、显示的统一基准，即确认机床坐标系的位置。对于数控车床/铣床而言，机床参考点通常设定在各运动坐标轴的正向极限位置处,如图 2-10 所示。机床参考点与机床原点之间的距离由厂家在制造机床时精确设定。

　　近几十年随着科学技术的发展,绝对编码器在数控领域也获得了很大应用。绝对编码器由机械位置确定编码,它无须记忆,无须找参考点。如果数控系统检测元件采用的是绝对编码器,数控机床在通电后便确认机床坐标系的位置,不需要进行手动返回机床参考点操作。

2.3.4　工件坐标系

　　工件坐标系是用户编制数控加工程序时所采用的坐标系,工件坐标系方向与机床参考点坐标系方向一致。对于数控车床而言,工件坐标系通常建立在工件轴线与右端面的交点处。对于数控铣床/加工中心而言,如图 2-13 所示,工件坐标系可以建立在工件的一个角上,也可以建立在工件的几何中心上。

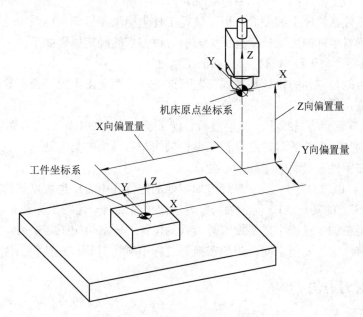

图 2-13　数控铣床/加工中心坐标系

2.4　数控机床对刀

　　零件的加工程序是在工件坐标系下编制的,程序中的绝对坐标值均是在工件坐标系下的坐标值。在数控机床上安装工件和刀具后,需要通过对刀操作来建立工件坐标系与机床参考点坐标系的位置关系(即找到工件坐标系原点在机床坐标系下的坐标值)。

2.4.1　刀位点、对刀点和换刀点

　　刀位点是刀具上的一个基准点,刀位点的运动轨迹即走刀路线,也称编程路线。常用

刀具的刀位点规定如下：镗刀、车刀的刀位点为刀尖；立铣刀、端铣刀的刀位点是刀具轴线与底面的交点；球头铣刀的刀位点一般为球心；钻头刀位点是钻尖或钻头底面中心，如图2-14所示。

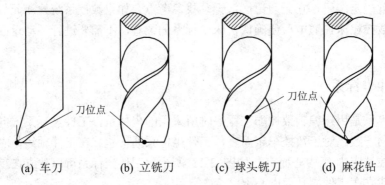

(a) 车刀　　　　(b) 立铣刀　　　　(c) 球头铣刀　　　　(d) 麻花钻

图 2-14　常用刀具刀位点

对刀点是工件在机床上装夹后，用于确定工件坐标系在机床坐标系中位置的基准点。对刀点是否准确对零件的加工精度有很大影响。对刀点的确定原则如下：

(1) 对刀点要有利于程序编制和提高加工精度。

对刀点尽可能与零件的设计基准或工艺基准统一，避免由于尺寸换算导致对刀精度和加工精度的降低，增加数控编程的难度。

(2) 对刀点应选择容易找正、便于检验、便于确定零件加工原点的可靠位置。

例如，车削加工零件的对刀点设置在零件轴线与右端面的交点处。铣削加工对称零件的对刀点设置在零件上表面的对称中心处。

(3) 对刀点可以选择零件上的某个点(如零件的定位孔中心)，也可以选择零件外的某一点(如夹具或机床上的某一点)，但必须与零件的定位基准有一定的坐标关系。

换刀点是指在加工过程中需要换刀时刀具的位置。一般情况下，换刀点设置在工件的轮廓外，并留有一定的安全空间，避免在换刀过程中碰伤刀具、夹具和工件。

2.4.2　常用对刀方法

1. 机外对刀

刀具预调仪(又称对刀仪)是一种可预先调整和测量刀尖长度、直径的测量仪器。刀具预调仪和数控机床组成 DNC 网络后，可将刀具数据远程输入加工中心 NC 中的刀具参数中。刀具预调仪的优点是预先将刀具在机床外校对好，装上机床即可以使用，可以大大节省辅助时间；缺点是不能实时地对刀具磨损和热变形状态进行更新。

2. 机内对刀

利用设置在机床工作台面上的测量装置(对刀仪)，对刀库中的刀具按事先设定的程序进行测量，与标准刀具进行比较，将得到刀具信息更新到 NC 刀具参数表中。同时，通过对刀具的检测也能实现对刀具磨损、破损或安装型号正确与否进行识别。

3. 试切法对刀

试切法对刀就是在加工前，用户以手动模式操作机床，对工件进行一个微小量的切削，在确定零件边界后，计算出工件坐标系的位置。该方法的优点是不需要额外的对刀工具。缺点是对用户技术水平要求高，容易产生误差。

2.5　数控加工编程方法与程序格式

2.5.1　数控加工编程方法

数控加工程序的编制方法主要有两种：手工编程和计算机辅助编程。

1. 手工编程

用户使用程序指令手工完成数控程序的编制工作，这种方法适用于形状简单的零件，如轴类零件、平面铣削加工类零件和钻孔加工类零件等。

2. 计算机辅助编程

由计算机完成数控加工程序编制过程中的全部或大部分工作。由计算机完成加工过程中的数字运算和逻辑判断，可以大大提高编程效率。对于复杂型面零件的多轴加工，一般必须采用计算机辅助编程方法。

计算机辅助编程有数控语言编程、人机交互图像编程和数字化编程三种类型。

数控语言编程是采用高级语言 APT(Automatically Programmed Tools)对零件几何形状及走刀路线进行定义，由计算机完成复杂的几何运算，或通过工艺数据库对刀具、夹具及切削用量进行选择，再生成数控加工程序。

人机交互图像编程是直接在零件图形上选择加工部位并定义走刀路线，输入有关工艺参数后便自动生成数控加工程序。该方法具有直观、高效等优点，目前主流的 CAD/CAM 软件均支持这种编程方法。

数字化编程是用测量机或扫描仪对零件图纸或实物的形状进行三维扫描，然后经计算机处理后自动生成数控加工程序。这种方法十分方便，但成本较高，目前仍处于研究阶段。

2.5.2　数控程序的结构与格式

在输入代码、坐标系统、加工指令、辅助功能及程序格式等方面，国际上已经形成了两种通用的标准，即国际标准化组织(ISO)标准和美国电子工业学会(EIA)标准。我国机械工业部根据 ISO 标准制定了 JB 3050—82《数字控制机床用七单位编码字符》、JB 3051—1999《数字控制机床坐标和运动方向的命名》和 JB 3208—1999《数字控制机床穿孔带程序段格式中的准备功能 G 和辅助功能 M 代码》。由于各个数控系统生产厂家所用的标准尚未完全统一，其所用的代码、指令及其含义不完全相同，因此在程序编制时必须按所用数控系统编程手册中的规定进行程序编制。

例 2-2 所示案例为某零件的外圆车削加工程序。由该案例可以看出，数控程序由程序号、程序内容和程序结束标志组成。程序号是程序的开始部分，在 FANUC 系统中用 O+四位数字来表示。在华中数控系统中，也可采用%+ 四位数字表示程序号。

【例 2-2】 外圆车削加工案例。

```
O0001;        程序号
N010 T0101;
N020 M03 S1000;
N030 G00 X60.0 Z100.0;
N040 G01 X52.0 Z2.0 F100;      程
N050 G90 X48.0 Z-20.0;         序
                               内
N060 X44.0;                    容
N070 G00 X60.0 Z100.0;
N080 M05;
M30;          程序结束标志
```

程序中的每一行称为一个程序段，程序段由若干程序字组成。程序字是由字母、数字和符号组成，它是程序的最小功能单元。在数控加工程序中，程序段中的程序字通常按照以下顺序书写程序：N—G—X—Y—Z—F—S—T—M—LF(或 ;)(各字母的含义如下)。

(1) N—程序段号。由 N 和若干位数字组成，用来识别程序段的编号。

(2) G—准备功能字。由 G 和两位数字组成，从 G00 到 G99 共 100 种。G 功能指令用来使机床做某种操作，如 G01(线性插补)、G02(顺时针圆弧插补)、G04(暂停)等。

(3) XYZ—尺寸字。由 XYZ 和带符号的数值组成，如 Z-20.0。

(4) F—进给功能字。由 F 和若干位数字组成，用来表示刀具的进给速度。在数控系统中可以设置其单位为 mm/r 或 mm/min。

(5) S—主轴功能字。由 S 和若干位数字组成，用来表示主轴的旋转速度，单位为 r/min。

(6) T—刀具功能字。由 T 和若干位数字组成，用来表示刀具在刀架上的位置。如 T01 表示刀架上的 01 号刀具。

(7) M—辅助功能字。由 M 和两位数字组成，用来表示机床的一些辅助动作。如 M03(主轴正转)、M07(切削液开)、M05(主轴停)等。

(8) LF(或 ;)—程序段结束符。在不同的数控系统中，程序段结束符号有差异。

主程序结束符号用 M02 或 M30，子程序结束符号用 M99。

2.6　数控加工工艺分析应用

2.6.1　数控加工工艺文件

在完成零件的数控加工工艺设计后，还需要填写工艺技术文件。工艺技术文件包含对加工过程中各环节的具体说明，既数控加工的操作规程，也是产品检验验收的依据。数控加工工艺文件主要包括数控编程任务书、加工工序卡、刀具卡、装夹方案卡和走刀路线卡等。

1. 数控编程任务书

数控编程任务书如表 2-2 所示，主要包含数控加工工序的说明和技术要求，是编程人员和工艺人员协调工作的重要依据之一。

表 2-2 数控编程任务书

任务编号		零件图号		零件名称	
数控设备		数量		工时	
(此处需列出主要工序及相关的技术要求说明)					
工艺		编程		审核		批准	

2. 数控加工工序卡

数控加工工序卡如表 2-3 所示,它与普通机床加工工序卡有诸多相似之处。不同之处在于,数控加工工序卡中应提供工序所对应的数控程序,并注明每一工步所采用的刀具号和刀补号。

表 2-3 数控加工工序卡

工序号		零件图号			零件名称		
数控设备		程序编号			夹具编号		
工步	作业内容		刀具号	刀补号	主轴转速	进给速度	切削用量	备注
编制		审核		批准		日期		共 页	第 页

3. 数控加工刀具卡

数控加工刀具卡如表 2-4 所示，要反映刀具的规格类型、数量、材料、编号、尺寸信息和加工内容等。数控加工刀具卡是组装和调整刀具的依据。

表 2-4　数控加工刀具卡

工序号			零件图号			零件名称		
数控设备			程序编号			夹具编号		
序号	刀具号	刀具规格名称	数量	刀具半径	刀具长度	加工内容		备注
编制		审核		批准		日期	共　页	第　页

4. 工件装夹方案卡

工件装夹方案卡如表 2-5 所示，主要反映工件的加工原点信息、定位和装夹方案。要求注明加工原点的位置和坐标轴方向，以及使用的夹具名称和编号。

表 2-5　工件装夹方案卡

工序号		零件图号		零件名称	
数控设备		夹具名称		夹具编号	
(此处应给出工件的装夹方案图)					
编制	审核	批准	日期	共　页	第　页

5. 数控加工走刀路线卡

在数控加工过程中，要防止刀具在运动过程中与工件或夹具发生碰撞。因此，工艺人员需告诉操作者刀具的走刀路线。数控机床走刀路线卡如表 2-6 所示。对于一些比较简单的零件，也可以将走刀路线画在工件装夹方案卡上。

表 2-6 数控加工走刀路线卡

零件图号		零件名称		加工设备		加工内容	
工序号		工步号		程序号		共 页	第 页
(此处应给出刀具的走刀路线图)							
符号		⊗		⊙	⟐	→	4
含义		下刀		抬刀	工件原点	切削轨迹	快速移动
编制		审核		批准		日期	共 页 第 页

2.6.2 阶梯轴车削工艺分析实例

已知如图 2-15 所示的零件(材料: 45 钢, 数量: 1000 件), 请编制零件的加工工艺。

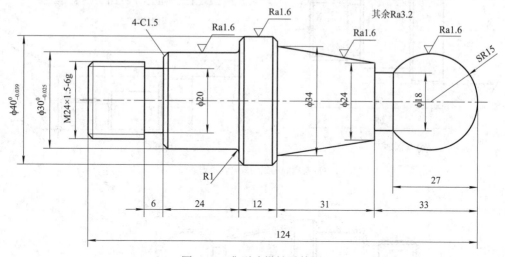

图 2-15 典型阶梯轴零件图

1. 图样分析

零件表面由外圆柱面、球面、螺纹面等组成, 多个轴段有较高的尺寸精度和粗糙度要求。零件图尺寸完整, 零件材料为 45 钢, 无热处理和硬度要求, 可采用数控车削进行加工。图样上带公差的尺寸, 公差带适中, 容易满足精度要求, 故在程序编制时取零件基本尺寸即可。零件比较长, 需要正反两次加工。

2. 工艺过程

选择φ42 mm × 124 mm 的棒料作为毛坯(两端面已加工完毕), 零件采用三爪卡盘分正反两次装夹。在该案例中, 若先加工右端锥面(φ24～φ34 mm), 再加工左端圆柱面时会存在装夹难题。因此，零件右端锥面部分应靠后加工。本案例先以毛坯外圆装夹，加工左端圆柱面($\phi 24$ mm、$\phi 30_{-0.025}^{0}$ mm 和 $\phi 40_{-0.039}^{0}$ mm)、退刀槽($\phi 20$ mm)和外螺纹(M24 × 1.5-6g)，然后掉头以加工过的圆柱面($\phi 30_{-0.025}^{0}$ mm)定位装夹加工右端锥面($\phi 24 \sim \phi 34$ mm)、球面(SR15 mm)和短圆柱面($\phi 18$ mm)。

在左端加工时，装夹方案如表 2-7 所示(P 为换刀点)。为保证加工精度，将卡盘夹持点设置在靠近零件中间位置。先用外圆车刀(T01)进行外圆柱面的粗精加工，然后换割刀(T02)切退刀槽，最后用螺纹刀(T03)加工螺纹。

在右端加工时，以 $\phi 30_{-0.025}^{0}$ mm 外圆和端面定位，装夹方案如表 2-7 所示。用外圆车刀(T01)对弧面、圆柱面和圆锥面进行粗、精加工。

表 2-7　装夹方案及走刀路线

零件图号	××	零件名称	阶梯轴 1	加工设备	CK6140	加工内容	全部表面
工序号	10	工步号	1-8	程序号	××	共××页	第××页

(a) 外圆加工　　(b) 退刀槽加工　　(c) 螺纹加工

(1) 左端加工装夹方案及走刀路线

(2) 右端加工装夹方案及走刀路线

符号	P	A	✛	→	≠
含义	换刀点	加工临近点	工件原点	切削轨迹	快速移动
编制	××	审核	××	批准	××	日期	××	共××页	第××页

本案例共用到 3 把刀具，即外圆车刀，切断(槽)刀和螺纹刀，由此完善刀具卡片如表 2-8 所示。

表 2-8　数控加工刀具卡

工序号	10		零件图号	××		零件名称	阶梯轴 1
数控设备	CK6140		程序编号	××		夹具编号	通用夹具
序号	刀具号	刀具规格名称	数量	刀具半径	刀具长度	加工内容	备注
1	T01	45°硬质合金外圆车刀	1	0.4	100	圆弧面、圆锥面、圆柱面、倒角等表面的粗精加工	25 mm × 25 mm
2	T02	宽 4 mm 切断(槽)刀	1		111	螺纹退刀槽	
3	T03	60°硬质合金螺纹刀	1		100	螺纹 M24 × 1.5-6g	
编制	××	审核 ××	批准	××	日期	××	共××页　第××页

确定零件表面的加工顺序后，需根据加工表面质量要求、刀具材料和工件材料查阅有关资料，最终确定切削用量，如表 2-9 所示。

表 2-9　数控加工工序卡

工序号	10	零件图号	××	零件名称		××	
数控设备	CK6140	程序编号	××	夹具编号		通用夹具	
工步	作业内容		刀具号	刀补号	主轴转速 /(r/min)	进给速度 /(r/mm)	吃刀量 /mm	备注
1	粗车左端外轮廓		T01	01	800	0.5	1.5	
2	精车左端外轮廓		T01	01	1200	0.2	0.2	
3	切退刀槽		T02	02	800	0.5	1.5	
4	加工螺纹 M24 × 1.5-6g		T03	03	系统配给	系统配给		
5	掉头装夹							
6	粗车右端外轮廓		T01	01	800	0.5	1.5	
7	精车右端外轮廓		T01	01	1200	0.2	0.2	
8	停车检验							
编制	××	审核 ××	批准	××	日期	××	共××页	第××页

2.6.3　型腔类零件铣削工艺分析实例

已知如图 2-16 所示的零件(数量：3000 件，材料：HT350)，请编制零件的加工工艺。

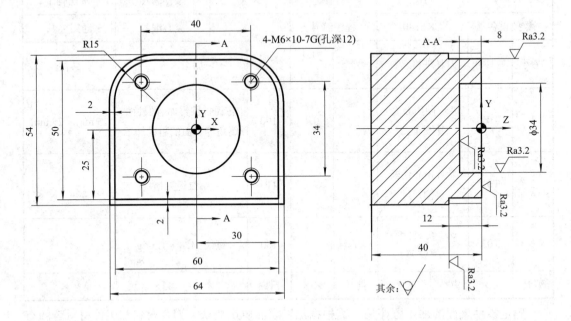

图 2-16　典型型腔零件图

1. 图样分析

零件表面由平面、圆柱面、螺纹孔等组成，粗糙度为 Ra3.2，尺寸精度要求不高。零件图尺寸完整，零件材料为 45 钢，无热处理和硬度要求。为减少工件装夹次数，采用数控加工中心进行铣削和钻孔加工。图样尺寸未带公差，容易满足精度要求，编程时取基本尺寸即可。

2. 工艺过程

选择 64 mm × 54 mm × 40 mm 的铸件作为毛坯(带圆角 2-R17 mm)，零件采用通用铣床夹具平口钳装夹。先进行外轮廓的铣削加工，余量为 2 mm，总加工深度为 12 mm。然后进行 φ34 mm 圆孔的铣削加工，总加工深度为 8 mm。最后钻孔并攻螺纹 4-M6 × 10-7G。

装夹方案如表 2-10 所示，零件上表面与平口钳上表面的距离为 20 mm。工件坐标系位于工件上表面的对称中心处。先用立铣刀(T01)进行外轮廓的粗、精加工，然后用立铣刀(T01)进行 φ34 mm 内孔的铣削加工(采用螺旋下刀方式加工)。最后在加工 4-M6 × 10-7G 螺纹孔时，先用中心钻(T02)钻小孔，然后用 φ5.6 mm 钻头(T03)钻孔，最后采用 M6 丝锥(T04) 攻螺纹。

表 2-10　装 夹 方 案

零件图号	××	零件名称	型腔零件	加工设备	VMC1160	加工内容	全部表面
工序号	10	工步号	1-8	程序号	××	共××页	第××页

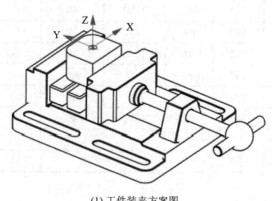

注：工件下加装20 mm垫块，即保证工件上表面距离平口钳上表面20 mm。

(1) 工件装夹方案图

符号	P		A		⊕	→	4
含义	换刀点		加工临近点		工件原点	切削轨迹	快速移动
编制	××	审核	××	批准	××	日期	××	共××页	第××页

本案例共用到 4 把刀具，即立铣刀，中心钻、麻花钻和丝锥，由此完善刀具卡片如表 2-11 所示。

表 2-11　数控加工刀具卡

工序号		10	零件图号		××	零件名称		型腔零件
数控设备		VMC1160	程序编号		××	夹具编号		通用夹具
序号	刀具号	刀具规格名称	数量	刀具半径	刀具长度	加工内容		备注
1	T01	立铣刀	1	8	100	外轮廓表面、ϕ34 mm 内孔		
2	T02	ϕ8 中心钻	1	4	65	打底孔		
3	T03	ϕ5.2 麻花钻	1	2.6	93	钻孔 4-ϕ5.2 mm		
4	T04	M6 丝锥	1	3	65	攻螺纹孔 4-M6×10-7G		
编制	××	审核	××	批准	××	日期	××	共××页 第××页

确定零件表面的加工顺序后，需根据加工表面质量要求、刀具材料和工件材料查阅有关资料，最终确定切削用量，如表 2-12 所示。

表 2-12 数控加工工序卡

工序号	10	零件图号	××		零件名称		型腔零件	
数控设备	VMC1160	程序编号	××		夹具编号		通用夹具	
工步	作业内容		刀具号	刀补号	主轴转速 /(r/min)	进给速度 /(mm/min)	吃刀量 /mm	备注
1	粗铣外轮廓		T01	01	800	80		
2	精铣外轮廓		T01	01	1200	40		
3	粗铣φ34mm内孔		T01	01	800	20		
4	精铣φ34mm内孔		T01	01	1000	10		
5	打底孔		T02	02				
6	钻孔 4-φ5.2mm		T03	03	800	80		
7	攻螺纹孔 4-M6×10-7G		T04	04	1200	40		
8	停车检验							
编制	××	审核	××	批准 ××	日期 ××	共××页		第××页

课 后 习 题

1. 简答题

(1) 简述零件的数控加工工艺过程。

(2) 简述数控机床坐标系方向的设定原则。

(3) 简述机床坐标系、参考点坐标系和工件坐标系的作用及它们之间的关系。

(4) 常用的数控加工编程方法有哪些?

(5) 何为刀位点、换刀点和对刀点?

2. 工艺分析题

(1) 请编制图 2-17 所示轴类零件的数控加工工艺(数量 3000 件,材料 45 钢,未注圆角 R0.5)。

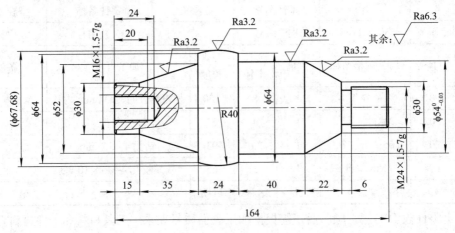

图 2-17 典型轴类零件

(2) 请编制图 2-18 所示轴类零件的数控加工工艺(数量 3000 件,材料 45 钢,未注倒角 C1.0)。

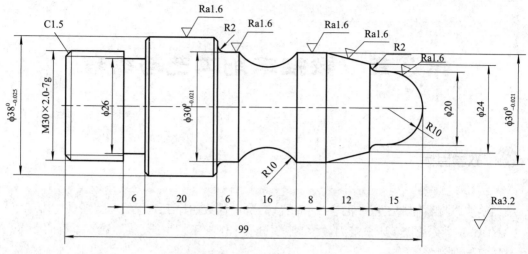

图 2-18　典型轴类零件

3. 论述题

(1) 网上查阅资料,从提升效率、降低成本、节能环保等方面考虑,谈谈应该如何设计零件的数控加工工艺方案。

(2) 网上查阅资料,总结市场上主流数控系统所遵循的国际标准。谈一谈数控系统标准化的意义在哪里,今后在编制数控加工程序时,怎样做才能遵循相关的数控系统标准并减少犯错概率。

第3章 数控车削工艺与编程

 教学目标

熟练掌握数控加工指令的含义和用法，是进行数控加工编程的前提条件。本章以 FANUC 0i 系列数控车床系统为教学案例，进行车削加工指令的讲解。通过本章的教学，学生应该做到：

(1) 掌握常用数控车削加工指令参数的含义及使用方法。

(2) 能够正确使用试切法建立工件坐标系。

(3) 能够正确使用刀尖圆弧半径补偿指令进行误差补偿。

(4) 能够完成典型轴类零件的数控加工程序编制。

3.1 车削常用刀具移动指令

3.1.1 绝对坐标与增量坐标

在机床坐标系或工件坐标系中直接计量的坐标称为绝对坐标。运动轨迹的位置坐标相对于前一位置的坐标，称为增量坐标(或相对坐标)。例如，图 3-1 中 B 点的绝对坐标为(25.0, 18.0)，B 点相对于 A 点的增量坐标为(20.0, 8.0)。

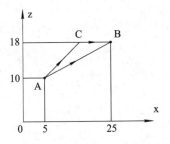

图 3-1 绝对坐标与增量坐标

绝对坐标和增量坐标是数控系统对目标点进行位置描述的两种形式。在 FANUC 数控车削系统中，目标点的绝对坐标用(X,Z)表示，增量坐标用(U, W)表示。

3.1.2 模态指令与非模态指令

数控程序指令有模态指令和非模态指令之分，模态指令也称续效指令，经程序段执行便一直有效，直到出现同组的另一指令才失效。非模态指令只有在程序段中有效，程序段执行完毕立即失效。在编写数控程序时，相邻程序段中连续出现的同一模态指令，从第二次出现开始可省略不写，不同组模态指令编写在同一程序段内，不影响其后续程序段中指令的有效性。

3.1.3　快速移动指令 G00 与直线插补指令 G01

1. 快速移动指令 G00

快速移动指令 G00 可以使刀具以点位运动的形式从刀具当前位置快速定位运动到下一目标位置。

指令格式：
　　　G00 X(U)_ Z(W)_;
说明：
X 和 Z——指定目标点(刀具运动终点)的绝对坐标；
U 和 W——指定目标点相对于刀具运动起点的增量坐标。

图 3-1 中，刀具从起点 A 快速运动至终点 B 的程序指令有如下几种格式：

(1) 绝对编程时：G00 X25.0 Z18.0;

(2) 增量编程时：G00 U20.0 W8.0;

(3) 混合编程时：G00 X25.0 W8.0　或者　G00 U20.0 Z18.0。

使用指令 G00 时要注意以下几点：

(1) G00 为模态指令。

(2) 刀具移动的速度由机床系统参数设定，无法在程序段中设定。

(3) 移动过程中刀具的速度为非匀速。刀具从起点开始加速，至最大速度后以该速度运行，在到达目标点之前开始减速，最后在目标点停止。

(4) 刀具的走刀路线不一定是直线。如图 3-1 所示，执行指令 G00 后，刀具有可能沿ACB 做折线运动。

(5) 指令 G00 不用于切削加工过程中，只用于刀具在加工前后的快速进刀/退刀。

【例 3-1】　如图 3-2 所示，刀具从起点 A 开始沿零件轮廓线做车削加工，运动至终点 B。请给出刀具从终点 B 退回至起点 A 的程序指令。

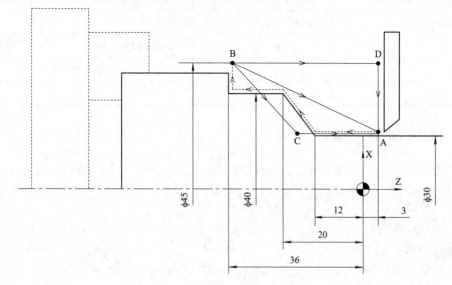

图 3-2　指令轨迹应用实例

　　A、B 点在工件坐标系下的绝对坐标分别为(30.0, 3.0)、(45.0, −36.0)。以绝对编程表示刀具从点 B 回退至点 A 的指令为 G00 X30.0 Z3.0。但是，该指令在执行过程中，刀具实际运动路线有可能是折线 BCA，在回退过程中刀具可能会与工件发生碰撞。

　　为了避免刀具在回退过程中撞刀，可以让刀具先沿 Z 向回退至 D 点，再沿 X 向回退至 A 点，即先执行指令 G00 Z3.0，再执行指令 G00 X30.0。

2. 直线插补指令 G01

　　直线插补指令 G01 可以使刀具以坐标轴联动的形式，从刀具当前位置直线插补到下一目标位置。指令 G01 为模态指令，在车床上可以完成外圆、内圆、锥面、端面等部位的加工。

> 指令格式：
> 　　G01 X(U)_ Z(W)_ F_；
> 说明：
> 　　X、Z、U、W——指定目标点(刀具运动终点)的绝对坐标或相对坐标；
> 　　F——指定刀具进给速度(mm/r)。

　　指令 G01 的刀具运动路线为直线，其后的目标位置可以用绝对坐标表示，也可以用增量坐标表示。此外，用户还可以在 G01 指令中指定刀具的运动速度。

　　【例 3-2】 图 3-2 所示工件中，刀具从点 A 开始，以 0.5 mm/r 的速度沿工件轮廓运动至点 B。请写出刀具的运动指令。

　　刀具起点坐标为(30.0,3.0)，编程指令如下：

绝对编程代码	增量编程代码	注　　释
...	...	...
G01 X30.0 Z-12.0 F0.5;	G01 W-15.0 F0.5;	刀具从点 A 开始切削φ30 mm 外圆
X40 Z-20.0;	U10 W-8.0;	切削锥面
Z-36.0;	W-16.0;	切削φ40 mm 外圆
X45.0;	U5.0;	刀具退出工件表面至点 B
...	...	...

3.1.4　圆弧插补指令 G02、G03

　　圆弧插补指令 G02、G03 可以使刀具以坐标轴联动的形式做圆弧插补运动至目标点。

> 指令格式一：
> 　　G02/G03 X(U)_ Z(W)_ R_ F_；
> 指令格式二：
> 　　G02/G03 X(U)_ Z(W)_ I_ K_ F_；

说明：

X、Z、U 和 W——指定目标点(刀具运动终点)的绝对坐标或者增量坐标；

R——指定圆弧半径；

I、K——指定圆心相对于圆弧起点在 X 轴和 Z 轴方向上的增量坐标；

F——指定刀具进给速度(mm/r)。

指令 G02 和 G03 分别为顺时针圆弧插补指令和逆时针圆弧插补指令。在工件坐标系下，判断圆弧是顺时针还是逆时针的步骤如下：

(1) 用右手定则判定圆弧所在平面的第三轴的朝向；

(2) 从圆弧所在平面第三轴的正向往负向看，若圆弧为顺时针则用 G02，否则用 G03。

由此两步可以判断，在前置刀架数控车床和后置刀架数控车床上圆弧顺逆情况如图 3-3 所示。

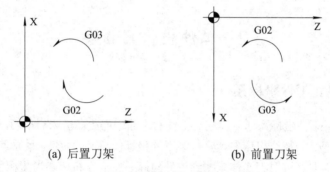

(a) 后置刀架　　　　　　　(b) 前置刀架

图 3-3　圆弧顺逆的判断

【例 3-3】　图 3-4 所示工件中，刀具起刀点的绝对坐标为(30.0, 3.0)，以 0.5 mm/r 的速度沿工件轮廓运动至点 B。请写出刀具的运动指令。

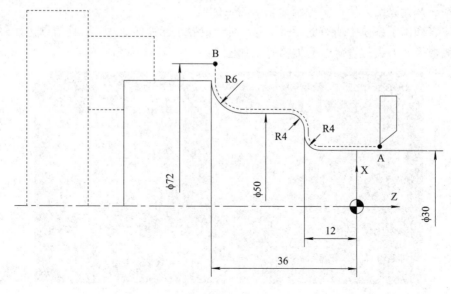

图 3-4　指令 G02、G03 应用实例

刀具起点坐标为(30.0,3.0)，编程指令如下：

绝对编程代码	增量编程代码	注　释
...	...	...
G01 X30.0 Z-8.0 F0.5;	G01 W-11.0 F0.5;	刀具从点 A 开始切削ϕ30 mm 外圆
G02 X38.0 Z-12.0 R4.0;	G02 U8.0 W-4.0 R4.0;	切削圆角 R4
G01 X42.0;	G01 U4.0;	切削端面
G03 X50.0 Z-16.0 R4.0;	G03 U8.0 W-4.0 R4.0;	倒圆角 R4
G01 Z-30.0;	G01 W-14.0;	切削ϕ50 mm 外圆
G02 X62.0 Z-36.0 R6.0;	G02 U12.0 W-6.0 R6.0;	切削圆角 R6
G01 X72.0;	G01 U10.0;	切削端面至点 B
...	...	...

3.2　工件坐标系指令

3.2.1　刀偏表建立工件坐标系

在数控车床中，工件坐标系通常建立在工件右端面中心处。机床启动后，数控系统屏幕上显示的是绝对坐标值是刀架在机床参考坐标系下的坐标值，而工件坐标系原点在机床参考坐标系下的坐标未知，需要通过对刀操作来找到工件坐标系原点在机床参考坐标系下的位置坐标，即刀尖位于工件坐标系原点处时刀架的参考坐标值。

将刀架参考坐标值作为刀偏值记录在数控系统的刀偏表中，以后用户只需要在工件坐标系下编制加工程序即可。数控系统在执行加工程序指令时，会将刀偏值与指令的 X、Z 坐标值相加，计算出刀架在参考坐标系下的坐标值。

刀偏表列出了系统中所有的刀具信息，对于数控车床系统来说，刀具信息包括刀偏号、刀尖圆弧半径、刀尖位置号、刀偏值等，如图 3-5 所示。

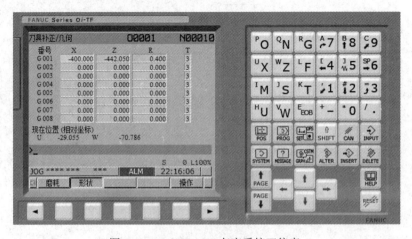

图 3-5　FANUC0i-TF 车床系统刀偏表

在编制数控车床加工程序时，用户可以通过输入刀具号和刀偏号来指明工件坐标系的位置。例如，程序中 T0101 表示采用 T01 号刀具和 01 号刀偏值。数控系统在使用 T01 号刀具进行切削加工时，会将 01 号刀偏值加到程序指令的 X、Z 坐标值中，从而保证刀具到达的位置正确。

【例 3-4】　使用刀偏表建立工件坐标系，编制如图 3-4 所示工件的加工程序。

(1) 准备工作。

将工件坐标系原点设置在工件右端面中心，采用试切法对刀，对刀步骤如下：

① 试切外圆并测量直径，计算刀尖在 X 方向的刀偏值。

② 试切工件端面，计算刀尖在 Z 方向的刀偏值。

③ 将上述刀偏值输入数控系统刀偏表中。

(2) 编制的加工程序如下：

代　码	注　释
O0001;	程序名：O0001
T0101;	采用 T01 号刀具和 01 号刀偏值
M03 S1000;	主轴正转，转速 1000 r/min
G00 X30.0 Z3.0;	快速到达起刀点
G01 X30.0 Z-8.0 F0.5;	刀具从点 A 开始切削φ30 mm 外圆
……	与例 3-3 相同
G01 X72.0;	切削端面至点 B
M05;	主轴停止
M30;	程序结束

3.2.2　建立工件坐标系指令 G50

在编写数控车床加工程序时，可以采用指令 G50 来指明工件坐标系的位置。指令 G50 建立工件坐标系的方法，是通过在工件坐标系下设定刀具起始位置点的坐标值来建立工件坐标系。

> 指令格式：
> 　　G50 X_ Z_ ;
> 说明：
> 　　X、Z——指定当前刀位点在工件坐标系下的绝对坐标。

例如，在程序中执行 G50 X100.0 Z60.0，表示当前刀位点在工件坐标系下的绝对坐标值为(100.0,60.0)。数控系统可以以此推算出工件坐标系原点的位置，然后完成后续的程序。

【例 3-5】　使用指令 G50 建立工件坐标系，编写如图 3-4 所示工件的走刀程序。

(1) 准备工作。

① 手动试切工件外圆并测量直径，然后将刀具移动至工件端面上，获得刀尖当前点

的坐标值(ϕ,0);

② 在 MDI 模式下使用指令 G00 以增量模式移动刀尖至工件坐标系下的起刀点 (100.0,60.0)。

(2) 编制的加工程序如下:

代　　码	注　　释
O0002;	程序名：O0002
M03 S1000;	主轴正转，转速 1000 r/min
G50 X100.0 Z60.0;	设定刀尖当前点位置坐标为(100.0, 60.0)，相当于在工件端面建立工件坐标系
G00 X30.0 Z3.0;	快速到达坐标点(30.0, 3.0)
G01 X30.0 Z-8.0 F0.5;	刀具从点 A 开始切削ϕ30 mm 外圆
... ...	与例 3-3 相同
G01 X72.0;	切削端面至点 B
G00 X100.0 Z60.0;	返回工件坐标系建立的位置(100.0, 60.0)。
M05;	主轴停止
M30;	程序结束

需要说明的是：使用指令 G50 建立工件坐标系进行零件加工时，在程序结束前，刀尖一定要返回至工件坐标系建立时刀尖所在的位置。否则，该程序仅能执行一次。

3.3　刀尖圆弧半径补偿指令

3.3.1　车削过程中的欠切与过切现象

出于强度和耐用度方面考虑，车刀的刀尖外形通常设计为圆弧状，如图 3-6 所示。理想刀尖通常定义在刀尖圆弧的水平切线与垂直切线交点处，而实际切削点是刀尖圆弧与零件轮廓表面的切点。在车零件端面和外圆时，理想刀尖与实际刀尖路线相同，不会产生加工误差。但是，在车零件圆锥面和圆弧面时，理想刀尖与实际刀尖的路线并不重合，因此便会造成欠切或过切现象。

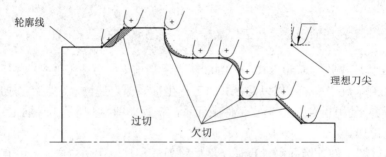

图 3-6　刀尖圆角 R 造成的欠切或过切现象

3.3.2 刀尖圆弧半径补偿指令 G41、G42 和 G40

数控系统中的刀尖圆弧半径补偿指令能够解决加工过程中的欠切和过切现象。数控系统允许用户将刀尖圆弧半径输入数控系统中，然后以理想刀尖进行编程。数控系统根据编程路线和刀尖圆弧半径值及刀具与工件的相对位置自动计算补偿量，完成零件加工。

在数控系统中，为程序添加指令 G41、G42 或 G40，可进行刀尖圆弧半径补偿。指令 G41 为刀尖半径左补偿指令，指令 G42 为刀尖半径右补偿指令，指令 G40 为取消刀尖半径补偿指令。

如图 3-7 所示，沿着刀具移动方向上看，若刀具在工件的左侧，执行刀尖半径左补偿指令 G41；若刀具在工件的右侧，执行刀尖半径右补偿指令 G42。

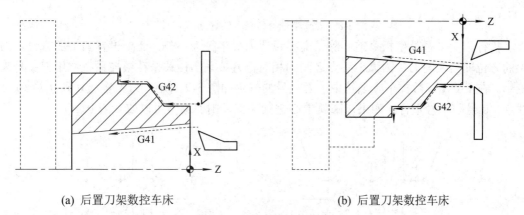

(a) 后置刀架数控车床 　　　　　 (b) 后置刀架数控车床

图 3-7 刀具半径补偿指令

指令格式：
G41/G42/G40 G01 X(U)_ Z(W)_ F_;
G41/G42/G40 G00 X(U)_ Z(W)_;
说明：
(1) 指令 G41、G42 和 G40 均为模态指令。
(2) 工件有圆锥面、圆弧面时，必须在加工圆锥面、圆弧面之前，先建立半径补偿。通常在刀具切入工件时的程序段中建立半径补偿。
(3) 指令 G41 和 G42 不能同时使用。若前面程序段中使用了指令 G41，需先用指令 G40 取消指令 G41 的刀具半径补偿后，才能使用指令 G42。
(4) 半径补偿功能的建立和取消只能在指令 G00 或 G01 段中进行，不能在指令 G02/G03 段中进行。
(5) 执行刀尖半径补偿指令 G41 或 G42 后，在 Z 轴方向上刀尖只能单向递增或递减。若需要沿 Z 轴反向移动，在移动前必须使用指令 G40 取消刀尖半径补偿。
(6) 建立刀尖半径补偿指令后，刀尖在 Z 轴方向上的切削量必须大于刀尖圆弧半径值，刀具在 X 轴方向上的切削量必须大于 2 倍的刀尖圆弧半径值。
(7) 在使用刀尖半径补偿指令之前，用户必须为刀尖指定正确的刀具号。

刀具半径补偿指令的使用分为三步(如图 3-8 所示):

(1) 建立刀补。切削控制点从理想刀尖过渡到刀尖圆弧中心的过程。

(2) 运行刀补。切削控制点位于刀尖圆弧中心,与编程轮廓相距一个补偿量。

(3) 取消刀补。切削控制点从刀尖圆弧中心过渡到理想刀尖的过程。

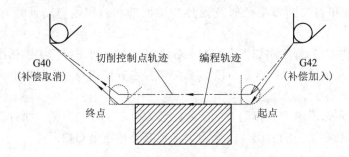

图 3-8　刀具半径补偿指令的建立与取消

执行刀尖半径补偿指令前,除了需要设置刀尖半径大小外,还要设置刀尖的方位。刀尖的方位即刀尖与刀尖圆弧中心点之间的相对位置关系,该关系在数控系统中用刀尖号来表示。在 FANUC 数控车床系统中,刀尖号的规定如图 3-9 所示,刀尖号从 0 到 9 共 10 个数字,0 号和 9 号重合。如果以圆弧中心进行编程,则刀尖号可以取 0 或 9。

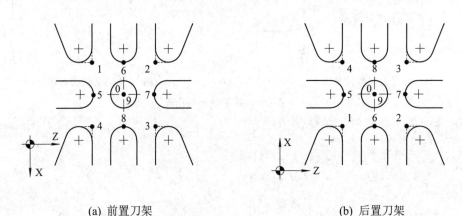

(a) 前置刀架　　　　　　　　　　　　　　　　(b) 后置刀架

图 3-9　数控车床刀尖号分布

由于各种车刀的刀尖方位不同,在编制数控加工程序时,用户必须正确输入刀尖号。在前置刀架数控车床上,常用车刀的假想刀尖号如图 3-10 所示。

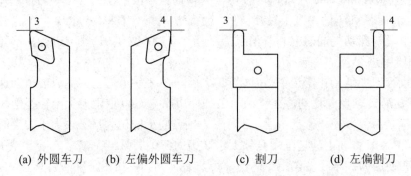

(a) 外圆车刀　　　(b) 左偏外圆车刀　　　(c) 割刀　　　(d) 左偏割刀

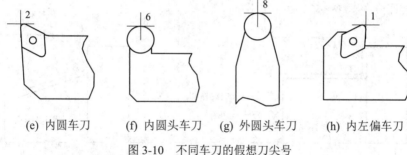

| (e) 内圆车刀 | (f) 内圆头车刀 | (g) 外圆头车刀 | (h) 内左偏车刀 |

图 3-10　不同车刀的假想刀尖号

【例 3-6】　为图 3-4 所示工件的加工程序建立刀尖圆弧半径补偿。

沿刀具移动方向上看，若刀具在工件的右侧，应该执行刀尖半径右补偿指令 G42。刀具在快进至起刀点(30.0,3.0)的过程中建立半径补偿，在轮廓加工完成后，切出工件的过程中取消半径补偿。

编制的加工程序指令如下：

代　码	注　释
O0003;	程序名：O0003
T0101;	采用 T01 号刀具和 01 号刀偏值
M03 S1000;	主轴正转，转速 1000 r/min
G42 G00 X30.0 Z3.0;	进行刀尖圆弧半径右补偿，快速到达起刀点
G01 X30.0 Z-8.0 F0.5;	刀具从点 A 开始切削φ30 mm 外圆
…	与例 3-3 相同
G40 G01 X72.0;	切削端面至点 B，并取消刀尖圆弧半径补偿
M05;	主轴停止
M30;	程序结束

3.4　单一固定循环编程指令

单一固定循环指令可以把一系列连续加工工步动作，如快进→切入→切削→切出→返回，整合成一条循环指令，从而简化程序编程。

3.4.1　单一内、外径车削循环指令 G90

单一内、外径切削循环指令 G90 可以完成圆柱面和圆锥面的切削加工。如图 3-11 所示，指令 G90 由四个动作组成：

(1) 以快移方式从循环起点 D 沿 X 轴移动到切削目标点的 X 轴坐标位置 A。

(2) 以切削进给方式到达切削目标点 B。

(3) 以切削进给方式沿 X 轴退回到循环起点的 X 轴坐标位置 C。

(4) 以快移方式退回到循环起点 D 处。

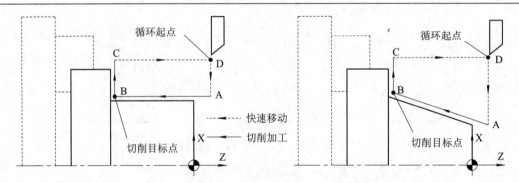

图 3-11　指令 G90 加工圆柱面和圆锥面示意图

指令格式：
　　G90 X(U)_ Z(W)_ F_ ;　　　　　　　　(加工内、外圆柱表面)
　　G90 X(U)_ Z(W)_ R_ F_ ;　　　　　　(加工圆锥表面)
说明：
X 和 Z——指定目标点(刀具运动终点)的绝对坐标；
U 和 W——指定目标点相对刀具运动起点的增量坐标；
R——指定锥度量，即圆锥起点与终点的半径差；
F——指定刀具进给速度(mm/r)。

【例 3-7】　已知外圆车刀的最大吃刀量为 6.0 mm(直径量)，使用单一外径车削循环指令 G90 编写图 3-12 所示零件的切削加工程序。

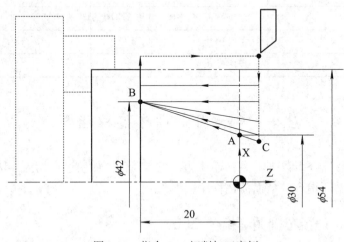

图 3-12　指令 G90 切削加工案例

　　工件毛坯直径为 φ54 mm，锥面 A、B 端直径分别为 φ30 mm、φ42 mm，工件坐标系设定在工件的右端面中心处。可将循环起点设定在 (56.0, 4.0) 处，先进行两次圆柱面切削，吃刀量为 6 mm。再进行圆锥面切削，目标锥度量 R = −7.2 mm，可分三次进行，R 分别为 −3.0 mm、−6.0 mm 和 −7.2 mm(由此换算出锥端最大吃刀量为 5.0 mm、5.0 mm 和 2.0 mm)。
　　编制的加工程序指令如下：

代　码	注　释
O0004;	程序名：O0004
T0101;	采用 T01 号刀具和 01 号刀偏值
M03 S1000;	主轴正转，转速 1000 r/min
G00 X56.0 Z4.0;	快速到达起刀点(56, 4)处
G90 X48.0 Z-20.0 F0.5;	开始切削外圆，目标值为ϕ48 mm
X42.0;	切削外圆，目标值为ϕ42 mm
X42.0 R-3.0;	第一次车锥面
X42.0 R-6.0;	第二次车锥面
X42.0 R-7.2;	最后一次车锥面
M05;	主轴停止
M30;	程序结束

需要说明的是：

指令 G90 为模态指令，在多段连续执行时，后段指令中与前段指令中相同的参数可以省略不写。在计算锥度量时，一定要选用切削起点处的半径值做计算，而非零件锥端的半径值。

3.4.2　端面车削循环指令 G94

端面车削循环指令 G94 也可以完成圆柱面和圆锥面的切削加工。如图 3-13 所示，指令 G94 由四个动作组成：

(1) 以快移方式从循环起点 D 沿 Z 轴移动到目标点的 Z 坐标位置 A。

(2) 以切削进给方式到达切削目标点 B。

(3) 以切削进给方式沿 Z 轴退回到循环起点的 Z 坐标位置 C。

(4) 以快移方式退回到循环起点 D 处。

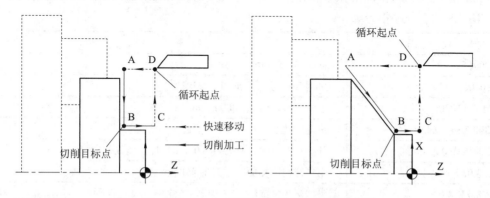

图 3-13　指令 G94 加工圆柱端面和圆锥端面示意图

指令格式：

　　G94 X(U)＿Z(W)＿F＿;　　　　　(加工圆柱端面)

G94 X(U)_ Z(W)_ R_ F_;   (加工圆锥端面)

说明：

X 和 Z——指定目标点(刀具运动终点)的绝对坐标；

U 和 W——指定目标点相对刀具运动起点的增量坐标；

R——指定锥度量，即圆锥起点与终点的 Z 向坐标差；

F——指定刀具进给速度(mm/r)。

【例 3-8】 已知车刀的最大吃刀量为 4 mm，使用 G94 指令编写图 3-14 所示零件的切削加工程序。

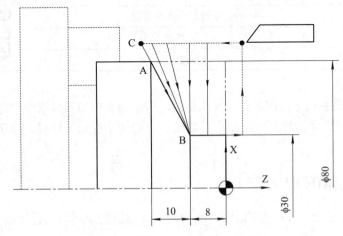

图 3-14 指令 G94 切削加工案例

工件毛坯直径为φ80 mm，锥面 A、B 端直径分别为φ80 mm、φ30 mm，工件坐标系设定在工件的右端面中心处。可将循环起点设定在(84.0, 4.0)处，先进行两次圆柱端面切削，吃刀量为 4 mm。再进行圆锥端面切削，目标锥度量 R = -10.8 mm，可分三次进行，R 分别为 -4.0 mm、-8.0 mm 和 -10.8 mm(由此换算出锥端切削最大吃刀量为 3.7 mm、3.7 mm 和 2.6 mm)。

编制的加工程序指令如下：

代　码	注　释
O0005;	程序名：O0005
T0101;	采用 T01 号刀具和 01 号刀偏值
M03 S1000;	主轴正转，转速 1000 r/min
G00 X84.0 Z4.0;	快速到达起刀点(84.0, 4.0)处
G94 X30.0 Z-4.0 F0.5;	开始切削端面，吃刀量 4.0 mm，目标值为φ30 mm
Z-8.0;	第二次切削端面，吃刀量 4.0 mm
Z-8.0 R-4.0;	第一次车锥端面
Z-8.0 R-8.0;	第二次车锥端面
Z-8.0 R-10.8;	最后一次车锥端面
M05;	主轴停止
M30;	程序结束

与指令 G90 一样，指令 G94 为模态指令，在多段连续执行时，后段指令中与前段指令中相同的参数可以省略不写。在计算锥度量时，一定要选用切削起点处的 Z 向坐标值做计算，而非零件图中锥端的 Z 向坐标值。

在实际使用过程中，应根据毛坯件轮廓特征合理选用指令 G90 或 G94 进行程序编制，如图 3-15 所示。应尽量缩短加工时间，提高生产效率。

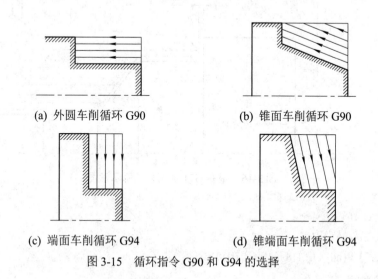

　　　(a) 外圆车削循环 G90　　　　　　　　　(b) 锥面车削循环 G90

　　　(c) 端面车削循环 G94　　　　　　　　　(d) 锥端面车削循环 G94

图 3-15　循环指令 G90 和 G94 的选择

3.5　多重复合循环编程指令

使用循环指令 G90、G94 进行车削加工编程，在一定程度上能够起到精简程序的作用。但是，当零件轴段比较多、加工余量比较大时，仍然需要人工分配切削次数和吃刀量，并一段一段地完成切削循环，使用起来还是比较麻烦。为解决此问题，数控系统提供了几种多重复合循环编程指令，内、外径粗车复合循环指令 G71、端面粗车复合循环指令 G72、封闭粗车复合循环指令 G73 和精车循环指令 G70。复合循环指令能实现固定循环动作，很大程度上提高了编程效率。

3.5.1　内、外径粗车复合循环指令 G71

内、外径粗车复合循环指令 G71 可以完成多轴段的复合切削任务。操作者定义好零件轮廓尺寸，数控系统会根据毛坯尺寸和零件轮廓尺寸计算出切削任务量，然后依据指令 G71 中的参数完成切削任务。

指令 G71 的走刀轨迹如图 3-16 所示，步骤如下：

(1) 以快移方式从循环起点沿 X 轴进刀 Δd。

(2) 在切削进给方式下，沿 Z 轴切削至零件轮廓边界。

(3) 沿 45° 方向退刀，退刀量为 e。

(4) 以快移方式沿 Z 轴快速返回至循环起点的 Z 坐标处。

(5) 重复上述过程。

(6) 以快移方式沿 X 轴移动至轮廓边界处(预留切削余量 Δu 和 Δw),在切削进给方式下,沿轮廓边界进行切削。

(7) 以快移方式返回循环起点。

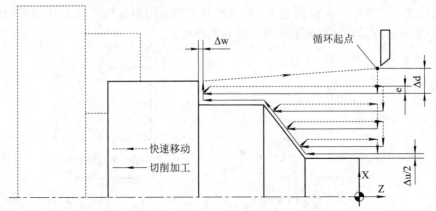

图 3-16　指令 G71 加工外轮廓示意图

指令格式:

G71U(Δd)R(e);

G71 P(ns) Q(nf) U(Δu) W(Δw) F_ S_ T_;

N(ns);

…　　　　　 精削程序段

N(nf);

说明:

Δd——X 向进刀量;

e——退刀量;

ns——精削程序的起始段号;

nf——精削程序的终止段号;

Δu——X 方向的精加工余量;

Δw——Z 方向的精加工余量;

F、S、T——分别指定进给速度(mm/r)、主轴转速和刀具。

需要说明的是:

(1) 在使用指令 G71 进行粗加工时,只有包含在指令 G71 段中的 F、S、T 指令值有效,而包含在 ns 到 nf 程序段中的 F、S、T 指令值无效。

(2) 用指令 G71 来切削工件有以下四种情况:左端外圆车削、右端外圆车削、左端内孔车削和右端内孔车削。这四种情况所对应的精加工余量 U(Δu)和 W(Δw)的符号有正负之分,如图 3-17 所示。车削外圆时取 U(+),车削工件右端时取 W(+),否则取 U(-)或 W(-)。在 U(+)的情况下,不可以加工比循环起点更高位置的形状。在 U(-)的情况下,不可以加工比循环起点更低位置的形状。

(3) 在 ns 到 nf 程序段中,不可以调用子程序。

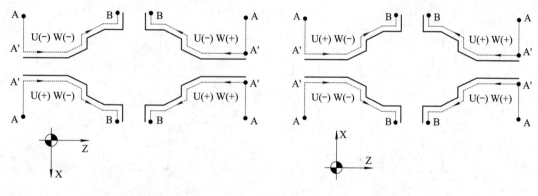

(a) 前置刀架　　　　　　　　　　　　(b) 后置刀架

图 3-17　复合循环指令 G71 下 U(Δu) 和 W(Δw) 的符号

(4) 指令 G71 有类型 I 和类型 II 两种形式。在采用类型 I 进行编程时，要注意以下问题：

① 类型 I 仅用于加工单调轮廓，轮廓线上不能存在凹槽；

② 在类型 I 中，精加工程序段中第一段 AA' 不得有 Z 轴方向的位移；

例如：

G71 U3.0 R1.0;

G71 P100 Q200 U0.6 W0.3 F0.5;

N100 G00 X20.0;　　　(该程序段中不得有 Z 方向位移)

...

N200 ... ;

③ 在类型 I 中，刀具在切削进给终点处朝 45° 方向退刀。

类型 II 与类型 I 相比，其区别在于：

(1) 类型 II 可用于加工带有凹槽的轮廓；

(2) 采用类型 II 时，精加工程序段中第一段指定 X 轴、Z 轴的移动量。如果想在不使刀具沿 Z 轴移动的条件下使用类型 II，需在精加工程序段的第一段中指定 W0；

例如：

G71 U3.0 R1.0;

G71 P100 Q200 U0.6 W0.3 F0.5;

N100 G00 X20.0 W0; (该程序段中指定 X 轴、Z 轴的位移量，系统采用类型 II 进行加工。)

...

N200 ... ;

关于指令 G71 类型 I 与类型 II 的其他差异，可以参阅 FANUC 数控车床系统说明书。

【例 3-9】　如图 3-18 所示，已知车刀的最大吃刀量为 6 mm(直径量)，X 轴、Z 轴方向精加工余量分别为 0.6 mm 和 0.3 mm，使用指令 G71 编写零件的切削加工程序。

毛坯外径为 φ62 mm，工件坐标系原点位于右端面中心处。可将循环起点设置在 (64.0, 2.0) 处。刀具每次进刀量为 3.0 mm，退刀量为 1.0 mm，为 X 轴、Z 轴方向预留精加工余量分别为 0.6 mm 和 0.3 mm。轮廓线为单调轮廓，可以采用 G71 的类型 I 进行编程。

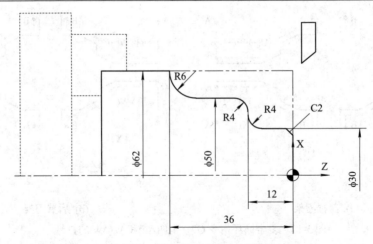

图 3-18　指令 G71 切削加工案例

编制的加工程序指令如下：

代　码	注　释
O0006;	程序名：O0006
T0101;	采用 T01 号刀具和 01 号刀偏值
M03 S1000;	主轴正转，转速 1000 r/min
G42 G00 X64.0 Z2.0;	进行刀尖圆弧半径右补偿，快速到达起刀点(64.0,2.0)处
G71 U3.0 R1.0;	每次循环的进刀量为 3.0 mm，退刀量 1.0 mm
G71 P060 Q130 U0.6 W0.3 F0.5;	定义精加工程序起始段、加工余量和刀具进给速度
N060 G00 X22.0;	刀具以快移方式沿 X 轴方向到达轮廓起点处
N070 G01 X30.0 Z-2.0 F0.5;	切削倒角 C2
N080 Z-8.0;	切削外圆φ30 mm
N090 G02 X38.0 Z-12.0 R4;	切削圆角 R4 mm
N100 G01 X42.0;	切削端面 Z-12 mm
N110 G03 X50.0 Z-16.0 R4;	切削圆角 R4 mm
N120 G01 Z-30.0;	切削外圆φ50 mm
N130 G02 X62.0 Z-36.0 R6.0;	切削圆角 R6 mm
G40;	取消刀尖圆弧半径补偿
M05;	主轴停止
M30;	程序结束

在使用刀尖圆弧半径补偿时，需在复合循环指令前的程序段中执行刀尖半径补偿指令 G41、G42。取消刀尖半径补偿指令时，要在精加工程序段之外执行 G40 指令。如在精加工程序段之内建立刀尖圆弧半径补偿，系统会报错。

【例 3-10】　如图 3-19 所示，已知车刀的最大吃刀量为 6 mm(直径量)，X 轴、Z 轴方向精加工余量分别为 0.6 mm 和 0.3 mm，使用指令 G71 编写零件的切削加工程序。

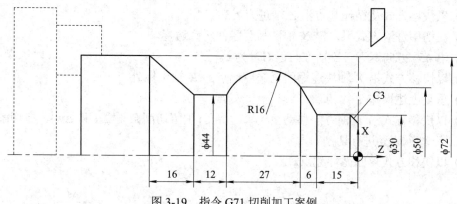

图 3-19 指令 G71 切削加工案例

毛坯外径为 $\phi 72$ mm，工件坐标系原点位于右端面中心处。可将循环起点设置在 (74.0,3.0) 处。刀具每次进刀量为 3.0 mm，退刀量为 1.0 mm，为 X 轴、Z 轴方向预留精加工余量分别为 0.6 mm 和 0.3 mm。轮廓线为带有凹槽，采用 G71 的类型 II 进行编程。

编制的加工程序指令如下：

代 码	注 释
O0007;	程序名：O0007
T0101;	采用 T01 号刀具和 01 号刀偏值
M03 S1000;	主轴正转，转速 1000 r/min
G42 G00 X74.0 Z3.0;	进行刀尖圆弧半径右补偿，快速到达起刀点(74.0, 3.0)处
G71U3.0 R1.0;	每次循环的进刀量为 3.0 mm，退刀量 1.0 mm
G71P060 Q120 U0.6 W0.3 F0.5;	定义精加工程序起始段、加工余量和刀具进给速度
N060 G00 X18.0 W0;	刀具以快移方式沿 X 轴方向到达轮廓起点处
N070 G01 X30.0 Z-3.0 F0.5;	切削倒角 C3
N080 Z-15.0;	切削外圆ϕ30 mm
N090 X50 Z-21.0;	切削锥面
N100 G03 X44.0 Z-48.0 R16.0;	切削圆弧轮廓 R16 mm
N110 G01 Z-60.0;	切削外圆ϕ44 mm
N120 X72.0 Z-76.0;	切削锥面
G40;	取消刀尖圆弧半径补偿
M05;	主轴停止
M30;	程序结束

3.5.2 端面粗车复合循环指令 G72

端面粗车复合循环指令 G72 与内、外径粗车复合循环指令 G71 的功能类似，用于完成多轴段的复合车削任务。

指令 G72 的走刀轨迹如图 3-20 所示，步骤如下：

(1) 以快移方式从循环起点沿 Z 轴进刀 Δd。

(2) 在切削进给方式下，沿 X 轴切削至零件轮廓边界。

(3) 沿 45° 方向退刀，Z 轴方向退刀量为 e。

(4) 以快移方式沿 X 轴快速返回至循环起点的 X 轴坐标处。

(5) 重复上述操作至 A 点。

(6) 以快移方式沿 Z 轴方向移动至轮廓边界处(预留切削余量 Δu 和 Δw)，在切削进给方式下，沿轮廓边界进行切削。

(7) 以快移方式返回循环起点。

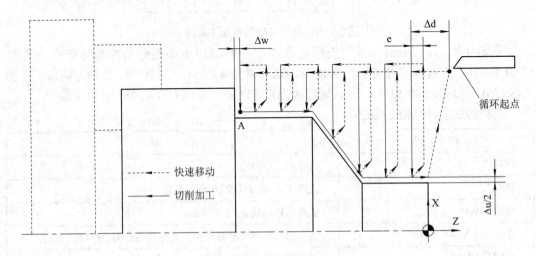

图 3-20　指令 G72 加工外轮廓示意图

指令格式：

　　G72 W(Δd)R(e)；

　　G72 P(ns) Q(nf) U(Δu) W(Δw) F_ S_ T_；

　　N(ns)；

　　…　　　　} 精削程序段

　　N(nf)；

说明：

Δd——Z 向进刀量；

e——退刀量；

ns——精削程序的起始段号；

nf——精削程序的终止段号；

Δu——X 方向的精加工余量；

Δw——Z 方向的精加工余量；

F、S、T——分别指定进给速度(mm/r)、主轴转速和刀具。

需要说明的是：

(1) 在使用指令 G72 进行粗加工时，只有包含在指令 G72 段中的 F、S、T 指令值有效，而包含在 ns 到 nf 程序段中的 F、S、T 指令值无效。

(2) 用指令 G72 来切削工件有以下四种情况：左端外圆车削、右端外圆车削、左端内孔车削和右端内孔车削。这四种情况所对应的精加工余量 U(Δu) 和 W(Δw) 的符号如图 3-21 所示。车削外端面时取 U(+)，车削工件右端面时取 W(+)，否则取 U(-) 或 W(-)。在 W(+) 的情况下，不可以加工比循环起点 Z 坐标值更大的形状。在 W(-) 的情况下，不可以加工比循环起点 Z 坐标值更小的形状。

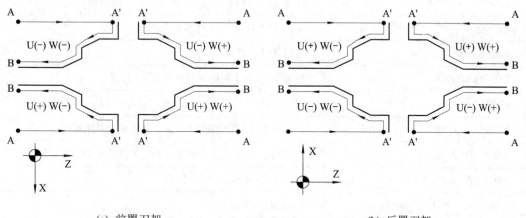

(a) 前置刀架　　　　　　　　　　　　　　(b) 后置刀架

图 3-21　复合循环指令 G72 下 U(Δu) 和 W(Δw) 的符号

(3) 指令 G72 有类型 I 和类型 II 两种形式。类型 I 仅用于加工单调轮廓，轮廓线上不能存在凹槽，在使用类型 I 时，精加工程序段中第一段不得有 X 轴方向的位移。类型 II 可用于加工带有凹槽的轮廓，在使用类型 II 时，精加工程序段中第一段指定 X 轴、Z 轴方向的移动量。如果想在不使刀具沿 X 轴移动的条件下使用类型 II，需在精加工程序段的第一段中指定 U0。

关于指令 G72 类型 I 与类型 II 的其他差异，可以参阅 FANUC 数控车床系统说明书。

【例 3-11】　如图 3-22 所示，已知车刀的最大吃刀量为 4 mm，X 轴、Z 轴方向精加工余量分别为 0.6 mm 和 0.3 mm，使用指令 G72 编写零件的切削加工程序。

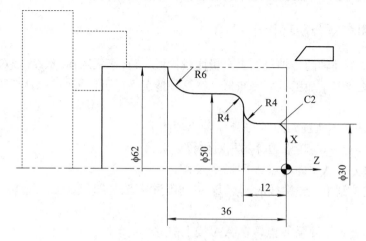

图 3-22　指令 G72 切削加工案例

毛坯外径为φ62 mm，工件坐标系原点位于右端面中心处。可将循环起点设置在(64.0,2.0)处。刀具每次进刀量为 4.0 mm，退刀量为 1.0 mm，为 X、Z 方向预留精加工余量分别为0.6 mm 和 0.3 mm。轮廓线为单调轮廓，可以采用指令 G72 的类型 I 进行编程。

编制的加工程序指令如下：

代　　码	注　　释
O0008;	程序名：O0008
T0101;	采用 T01 号刀具和 01 号刀偏值
M03 S1000;	主轴正转，转速 1000 r/min
G00 X64.0 Z2.0;	快速到达起刀点(64.0, 2.0)处
G72W3.0 R1.0;	每次循环的进刀量为 3.0 mm，退刀量 1.0 mm
G72P060 Q140 U0.6 W0.3 F0.5;	定义精加工程序起始段、加工余量和刀具进给速度
N060 G00 Z-36.0;	刀具以快移方式沿 Z 轴方向到达轮廓起点处
N070 G01 X62.0 F0.5;	切端面 Z-36 mm
N080 G03 X50.0 Z-30.0 R6.0;	切削圆角 R6 mm
N090 G01 Z-16.0;	切削外圆φ50 mm
N100 G02 X42.0 Z-12.0 R4.0;	切削圆角 R4 mm
N110 G01 X38.0;	切削端面 Z-12 mm
N120 G03 X30 Z-8.0 R4.0;	切削圆角 R4 mm
N130 G01 Z-2.0;	切削外圆φ30 mm
N140 X22.0 Z2.0;	切倒角 C2
M05;	主轴停止
M30;	程序结束

3.5.3　封闭粗车复合循环指令 G73

铸造或锻造毛坯轴的各轴段加工余量比较接近，若直接采用指令 G71 或 G72 进行加工，则刀具空行程比较多，加工效率比较低。在这种情况下，可以采用封闭粗车复合循环指令 G73 进行加工。

指令 G73 的走刀轨迹如图 3-23 所示，步骤如下：

(1) 确定循环起点与轮廓边界的相对位置关系。

(2) 以快移方式从循环起点 A 回退至点 A'。

(3) 快速定位到平行轮廓线的起点 D，以切削进给方式沿轮廓平行线 DEFGH 完成一次加工。

(4) 以快移方式返回至 A'点，在 A'A 线上前进一个单位。

(5) 重复上述过程，直至完成切削任务。

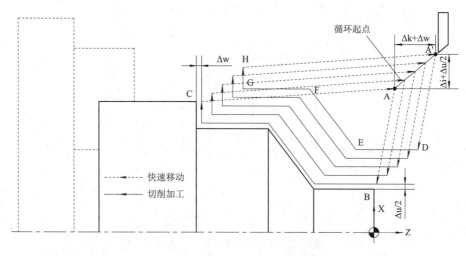

图 3-23　指令 G73 加工外轮廓示意图

指令格式：

　　　G73 U(Δi) W(Δk)R(d);

　　　G73 P(ns) Q(nf) U(Δu) W(Δw) F_ S_ T_;

　　　N(ns);

　　　…　　　精削程序段

　　　N(nf);

说明：

Δi——X 向的退刀量；

Δk——Z 向的退刀量；

d——分割次数；

ns——精削程序的起始段号；

nf——精削程序的终止段号；

Δu——X 方向的精加工余量；

Δw——Z 方向的精加工余量；

F、S、T——分别指定进给速度(mm/r)、主轴转速和刀具。

需要说明的是：

(1) 在使用 G73 指令进行粗加工时，只有包含在指令 G73 段中的 F、S、T 指令值有效，而包含在 ns 到 nf 程序段中的 F、S、T 指令值无效。

(2) 用 G73 指令来切削工件也有以下四种情况：左端外圆车削、右端外圆车削、左端内孔车削和右端内孔车削。这四种情况所对应的精加工余量 U(Δu) 和 W(Δw) 的符号与 G71 指令相同。

【例 3-12】　如图 3-24 所示，已知车刀的最大吃刀量为 4 mm，毛坯轮廓线与零件轮廓线平行，X 方向的粗加工余量为 5 mm，X 轴、Z 轴方向精加工余量分别为 0.6 mm 和 0.3 mm，使用指令 G73 编写零件的切削加工程序。

毛坯外径为 $\phi45$ mm，三爪卡盘夹持，工件坐标系原点位于右端面中心处。可将循环起点设置在(54.0, 2.0)处。刀具沿 X 轴方向回退量为 5 mm，为 X 轴、Z 轴方向预留精加工余量分别为 0.6 mm 和 0.3 mm。采用指令 G73 分三次完成加工。

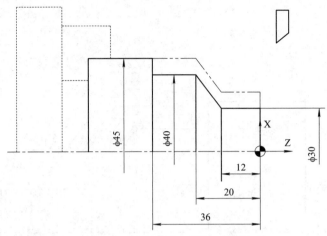

图 3-24　G73 指令切削加工案例

编制的加工程序指令如下：

代　码	注　释
O0009;	程序名：O0009
T0101;	采用 T01 号刀具和 01 号刀偏值
M03 S1000;	主轴正转，转速 1000 r/min
G00 X54.0 Z2.0;	快速到达起点(54.0, 2.0)处
G73U2.0 W1.0 R3;	X 方向回退 2 mm，Z 方向回退量为 1 mm，分三次完成加工
G73P060 Q100 U0.6 W0.3 F0.5;	定义精加工程序起始段、加工余量和刀具进给速度
N060 G00 X30.0;	刀具以快移方式沿 Z 轴方向到达轮廓起点处
N070 G01 Z-12.0 F0.5;	切外圆ϕ30 mm
N080 X40.0 Z-20.0;	切削锥面
N090 Z-36.0;	切削外圆ϕ40 mm
N100 X45.0;	切削端面 Z-36
M05;	主轴停止
M30;	程序结束

3.5.4　精车循环指令 G70

指令 G71、G72 和 G73 为粗车循环指令，执行完后需要进一步采用精车循环指令 G70 来进行精加工。

指令格式：

G70 P(ns) Q(nf);

N(ns);

…　　精削程序段

N(nf);

说明：

ns——精削程序的起始段号；

nf——精削程序的终止段号。

用指令 G70 进行精加工时,数控系统忽略指令 G71、G72 和 G73 程序段中指定的 F、S、T 和 M,在 ns 到 nf 之间的程序段中指定 F、S、T 和 M。指令 G70 执行完成后,快速返回至起点并读取指令 G70 后的下一程序段。

G70 指令与 G71、G72 和 G73 指令配合使用时,指令 G70 不一定紧跟在粗加工程序段之后。在粗、精加工中间可以更换刀具,用一把精车刀来执行 G70 程序段。

3.5.5　刀尖圆弧半径补偿功能在复合循环指令中的设置方法

使用刀尖圆弧半径补偿指令时,要在复合循环指令 G70、G71、G72 和 G73 前的程序段执行刀尖半径补偿指令 G41 或 G42,取消刀尖半径补偿指令 G40 要位于 ns 到 nf 程序段之后,否则,系统会报错。

使用指令 G70 时,刀尖圆弧半径补偿指令 G40、G41 和 G42 可以位于 ns 到 nf 之间的程序段。但前提条件是使用指令 G70 的程序段模态必须是 G40(刀尖圆弧半径补偿取消)状态。

更多关于刀尖圆弧半径补偿功能在复合循环指令中的设置方法,请参考 FANUC 车床系统操作说明书。

3.6　螺纹加工编程指令

3.6.1　螺纹加工基础

数控车床能够实现多种螺纹的加工,如内/外圆柱螺纹、圆锥螺纹、单线/多线螺纹、等螺距/变螺距螺纹等。进行螺纹加工时,车床主轴的转速与刀具进给的速度之间有严格的运动关系,即主轴转动一圈刀具前进一个导程。下面以普通三角螺纹为例,来理解并掌握螺纹加工工艺。

普通三角外螺纹的基本牙型如图 3-25 所示,其参数含义见表 3-1,在切削加工过程中,刀尖的切入深度是螺纹的高度,即牙顶与牙底之间的垂直高度 h。该高度值与螺纹的螺距 P 和牙型角 α 有关。

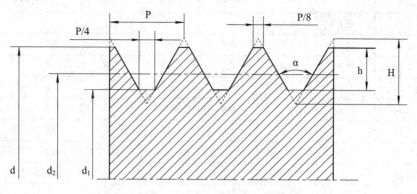

图 3-25　典型螺纹参数示意图

以普通三角螺纹为例,牙型高度 h 的计算为 $h = 3H/4 = 0.6495P$。其他类型螺纹的牙型高度可以查阅相关设计手册。

表 3-1　普通三角外螺纹的主要参数

名　称	代　号	计算公式
螺距	P	
螺纹大径	d	
牙型角	α	60°
原始三角形高度	H	H = 0.866P
牙型高度	h	h = 0.6495P
螺纹中径	d_2	$d_2 = d - 0.6495P$
螺纹小径	d_1	$d_1 = d - 2h = d - 1.299P$

螺纹加工过程中要注意几点：

(1) 在螺纹切削过程中，材料发生挤压和堆积，当外螺纹加工后直径增大，内螺纹加工后内径减小。为了保证内外螺纹能够正确旋合，在实际加工过程中，通常将螺纹段毛坯直径做适当调整，在加工外螺纹前，将毛坯直径车到 d − 0.1P；加工内螺纹前，将毛坯内径车到 d + 0.1P。

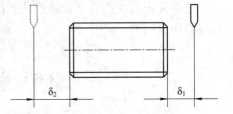

图 3-26　典型螺纹加工进刀与退刀

(2) 在切削过程中，刀具经历了一个加速—匀速—减速的过程。为了保证切削的螺距均匀，在螺纹段前后端必须留有足够的空刀导入行程 δ_1 和空刀导出行程 δ_2，如图 3-26 所示。一般情况下，δ_1 和 δ_2 可按如下公式选取：$\delta_1 \geqslant n \times P/400$，$\delta_2 \geqslant n \times P/1800$；其中 n 为主轴转速(r/min)。

(3) 在加工螺纹时，通常要进行多次径向进给切削。常用螺纹的进给次数和吃刀量可参考表 3-2。

表 3-2　螺纹加工进给次数与吃刀量

米制螺纹(直径，单位为 mm)							
螺距	1.0	1.5	2.0	2.5	3.0	3.5	4.0
牙深	0.649	0.974	1.299	1.624	1.949	2.273	2.598
吃刀量及进给次数　1 次	0.7	0.8	0.9	1.0	1.2	1.5	1.5
2 次	0.4	0.6	0.6	0.7	0.7	0.7	0.8
3 次	0.2	0.4	0.6	0.6	0.6	0.6	0.6
4 次		0.16	0.4	0.4	0.4	0.6	0.6
5 次			0.1	0.4	0.4	0.4	0.6
6 次				0.15	0.4	0.4	0.4
7 次					0.2	0.2	0.4
8 次						0.15	0.3
9 次							0.2

(4) 在螺纹加工过程中，数控车床主轴转速不应太高。这是因为随着数控车床主轴转速的增大，刀尖进给速度也会增大，惯性使得机床加减速性能变差，从而产生较大的加工

误差。通常情况下，主轴的最高转速 n≤1200/P－80。

(5) 在螺纹加工过程中，进刀的方式主要有直接进给式、斜向进给式和左右切削进给式三种，如图 3-27 所示。

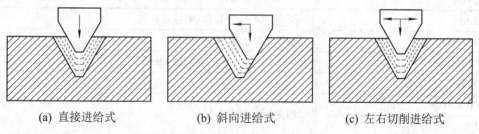

　　(a) 直接进给式　　　　　　　(b) 斜向进给式　　　　　　(c) 左右切削进给式

图 3-27　螺纹加工进刀方式

　　直接进给式切削力比较大，容易扎刀，通常用于加工 P＜3 mm 普通螺纹的粗加工或 P≥3 mm 螺纹的精加工。斜向进给式切削力比较小，不易扎刀，适用于 P≥3 mm 螺纹的粗加工。由于斜向进给式为单向吃刀，加工过程中刀具更容易磨损。左右切削进给式切削力比较小，也不易扎刀，主要用于 P≥3 mm 螺纹的粗、精加工。在复合车削螺纹时，默认采用斜向进给方式进行螺纹加工。

3.6.2　单行程螺纹切削指令 G32

　　指令 G32 可用于切削圆柱螺纹、圆锥螺纹等。指令 G32 车削螺纹的方法与普通车床一样，采用的是多次车削、径向尺寸逐步递减的方式。

> 指令格式：
>
> 　　G32 X(U)_ Z(W)_ F_;
>
> 说明：
>
> X 和 Z——指定目标点(刀具运动终点)的绝对坐标；
>
> U 和 W——指定目标点相对刀具运动起点的增量坐标；
>
> F——指定螺纹的导程。

【例 3-13】　如图 3-28 所示，工件外轮廓已加工完毕，请用指令 G32 完成图中螺纹加工。

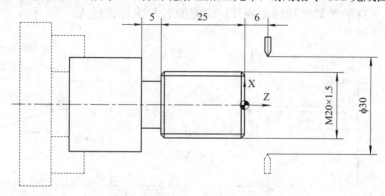

图 3-28　指令 G32 切削加工案例

螺纹共分四次加工，吃刀量分别为 0.8 mm、0.6 mm、0.4 mm、0.16 mm。起刀点坐标为(30.0, 6.0)，编制的加工程序指令如下：

代　码	注　释
O0010;	程序名：O0010
T0101;	采用 T01 号刀具和 01 号刀偏值
M03 S600;	主轴正转，转速 600 r/min
G00 X19.2;	沿 X 轴进刀，吃刀量 0.8 mm
G32 Z-27.5 F1.5;	螺纹加工
G00 X30.0; Z6.0;	回退至起刀点
G00 X18.6;	沿 X 轴进第二刀，吃刀量 0.6 mm
G32 Z-27.5 F1.5;	螺纹加工
G00 X30.0; Z6.0;	回退至起刀点
G00 X18.2;	沿 X 轴进第三刀，吃刀量 0.4 mm
G32 Z-27.5 F1.5;	螺纹加工
G00 X30.0; Z6.0;	回退至起刀点
G00 X18.04;	沿 X 轴进第四刀，吃刀量 0.16 mm
G32 Z-27.5 F1.5;	螺纹加工
G00 X30.0; Z6.0;	回退至起刀点
M05;	主轴停止
M30;	程序结束

3.6.3　单一螺纹切削循环指令 G92

指令 G92 用于圆柱螺纹、圆锥螺纹的单一循环加工。走刀轨迹如图 3-29 所示，其动作过程如下：

(1) 从起点 D 沿 X 轴快速移动到目标位置的 X 轴坐标位置 A。

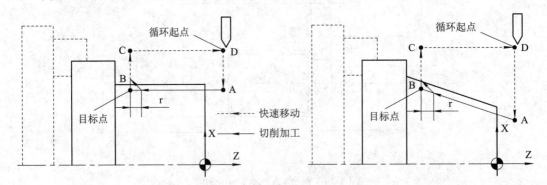

图 3-29　指令 G92 加工圆柱螺纹和圆锥螺纹示意图

(2) 以切削进给方式沿轮廓线切削至目标点 B，并进行螺纹倒角。

(3) 以快移方式沿 X 轴回到起点的 X 轴坐标位置 C。

(4) 以快移方式沿 Z 轴回到起点的 Z 轴坐标位置 D。

指令格式：

G92 X(U)_ Z(W)_ F_ Q_；　　　(加工圆柱螺纹表面)

G92 X(U)_ Z(W)_ I_ F_ Q_；　　(加工圆锥螺纹表面)

说明：

X 和 Z——指定目标点(刀具运动终点)的绝对坐标值；

U 和 W——指定目标点相对刀具运动起点的增量坐标值；

I——指定螺纹起点与终点的半径差(锥度量)；

F——指定螺纹的导程；

Q——指定螺纹切削开始角度的位差角。

默认情况下，螺纹末端倒角角度为 45°，将导程设置为 L 时，螺纹的倒角量 r 可以在(0.1～12.7)L 的范围内，以 0.1L 为增量单位，通过系统参数设定。

【例 3-14】 如图 3-28 所示，工件外轮廓已加工完毕，请用指令 G92 完成图中螺纹的加工程序。

编制的加工程序指令如下：

代　码	注　释
O0011;	程序名：O0011
T0101;	采用 T01 号刀具和 01 号刀偏值
M03 S600;	主轴正转，转速 600 r/min
G00 X30.0 Z6.0;	快速到达循环起点(30.0, 6.0)处
G92 X19.2 Z-27.5 F1.5;	螺纹加工第一次循环
X18.6;	螺纹加工第二次循环
X18.2;	螺纹加工第三次循环
X18.04;	螺纹加工第四次循环
M05;	主轴停止
M30;	程序结束

3.6.4　螺纹切削复合循环指令 G76

指令 G76 为螺纹切削复合循环指令，可用于圆柱螺纹、圆锥螺纹的循环加工。指令 G76 的参数和走刀路线如图 3-30 所示。

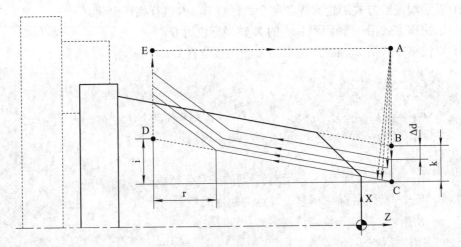

图 3-30　螺纹切削循环指令 G76 的走刀路线

指令格式：

　　　G76 P(m) (r) (a) Q(Δdmin) R(d)

　　　G76 X(U)_ Z(W)_ R(i) P(k) Q(Δd) A(a) F(L);

说明：

　　m——最终精加工重复次数(1～99)。

　　r——螺纹倒角(倒棱)量(0～99)，假如导程为 L，倒棱量在(0.0～9.9)L 范围内，以 0.1L 为增量来指定。此外，也可以通过系统参数(NO.5130)进行设定，参数值随程序指令而改变。

　　a——刀尖的角度(螺纹牙的角度)，如 80°、60°、55°、30°、29° 等。

　　m、r、a 的值可通过地址 P 同时指定。例如，当 m = 2，r = 1.2L，a = 60° 时，可以指定为 P 02 12 60。

　　Δdmin——最小进刀量。

　　d——精加工余量。

　　X、Z——指定目标点(刀具运动终点)的绝对坐标。

　　U、W——指定目标点相对刀具运动起点的增量坐标。

　　i——锥度量(切削起点相对于终点的半径差)。

　　k——螺纹牙的高度，单位为 μm。

　　Δd——第一次进刀量，单位为 μm。

　　L——螺纹的导程，单位为 mm。

图 3-30 中，只有在 CD 段刀具按规定的导程进给切削，在其他部位刀具以快移方式运动。螺纹倒角(倒棱)量、角度参数与指令 G92 参数通用。

指令 G76 进行单边循环切削，如图 3-31 所示，为了减小刀尖的受力，第一次切削深度为 Δd，第 n 次切削深度为 $\Delta d \sqrt{n}$，即每次循环的背吃刀量为 $\Delta d(\sqrt{n} - \sqrt{n-1})$。

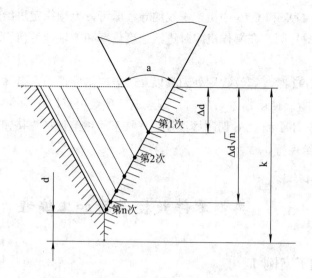

图 3-31　螺纹循环指令 G76 切削截面细节

【例 3-15】 如图 3-28 所示，工件外轮廓已加工完毕，请用指令 G76 完成图中螺纹加工。

编制的加工程序指令如下：

代　码	注　释
O0012;	程序名：O0012
T0101;	采用 T01 号刀具和 01 号刀偏值
M03 S600;	主轴正转，转速 600 r/min
G00 X30.0 Z6.0;	快速到达循环起点(30.0,6.0)处
G76 P031060 Q100 R200;	精加工重复 3 次，螺纹倒棱为 1 倍螺距，牙型角 60°，最小进刀量 0.1 mm，精加工余量 0.2 mm
G76 X18.04 Z-27.5 R0 P980 Q400 F1.5;	目标点(18.04,-27.5)，锥度量为 0，螺纹牙高 0.98 mm，第一次进刀量为 0.4 mm，螺距为 1.5 mm
M05;	主轴停止
M30;	程序结束

3.6.5　螺纹切削指令比较

螺纹切削指令 G32、G92 和 G76 的对比如下：

(1) 指令 G32 为单行程螺纹切削指令(非循环)，指令 G92 为单一螺纹切削循环指令(一条指令循环一周)，指令 G76 为复合循环指令(一条指令可循环多周)。

(2) G32、G92 和 G76 均为模态指令，指令 G32 和 G92 属于直接进给式切削，指令 G76 属于斜向进给式切削。

(3) 指令 G32、G92 和 G76 中指定螺纹的导程即可，无须指定进给速度。进给速度和主轴转速由系统参数控制，在操作机床时进给速度倍率和主轴速度倍率均无效，以保证螺纹加工到位。

(4) 使用指令 G92 时，螺纹收尾处刀具以 45° 方向斜向退刀，具体移动距离可通过系统参数(NO.5130)设置。使用指令 G76 时，螺纹退刀参数可直接在指令中设置。

(5) 在使用指令 G92 和 G76 切削螺纹期间，按下"进给保持"按钮，刀具在完成切削循环后才会执行进给保持。

3.7　典型零件数控车削加工编程

3.7.1　阶梯轴加工案例 1

【例 3-16】　编制图 3-32 所示零件的数控加工程序(材质：45 钢，数量：10 件)。

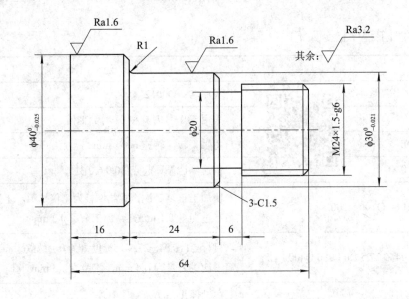

图 3-32　阶梯轴加工案例 1

(1) 图样及工艺分析。

零件表面由外圆柱面、螺纹面等组成，多个轴段有较高的尺寸精度要求和粗糙度要求。零件图尺寸完整，零件材料为 45 钢，无热处理和硬度要求，可采用数控车削工艺进行加工。采用φ42 mm × 90 mm 的棒料作为毛坯，工件坐标系设置在毛坯右端面中心处，在编程时取基本尺寸即可。采用三爪卡盘装夹，加工完成后切断。

首先采用外圆车刀(T01)进行外圆柱面的粗精加工，然后使用割刀(T02)切螺纹退刀槽，再使用螺纹刀(T03)加工螺纹，最后使用割刀(T02)将工件切断。工艺过程所对应的刀具卡片如表 3-3 所示。

表 3-3 数控加工刀具卡

工序号	10		零件图号			零件名称		阶梯轴 1
数控设备	CK6140		程序编号			夹具编号		通用夹具
序号	刀具号	刀具规格名称	数量	刀具半径	刀具长度	加工内容		备注
1	T01	45°硬质合金外圆车刀	1	0.4	100	圆弧面、圆柱面、倒角等表面的粗精加工		25 mm × 25 mm
2	T02	宽 4 mm 切断(槽)刀	1		111	螺纹退刀槽、切断		
3	T03	60°硬质合金螺纹刀	1		100	螺纹 M24 × 1.5-g6		
编制	××	审核	××	批准	××	日期	××	共××页 第××页

确定零件表面的加工顺序后，需根据加工表面质量要求、刀具材料和工件材料查阅有关资料，最终确定切削用量，如表 3-4 所示。

表 3-4 数控加工工序卡

工序号	10	零件图号		××	零件名称		××
数控设备	CK6140	程序编号		××	夹具编号		通用夹具
工步	作业内容	刀具号	刀补号	主轴转速/(r/min)	进给速度/(r/mm)	吃刀量/mm	备注
1	粗车外轮廓	T01	01	800	0.5	1.5	
2	精车外轮廓	T01	01	1200	0.2	0.2	
3	切退刀槽	T02	02	800	0.5	1.5	
4	加工螺纹 M24 × 1.5-6g	T03	03	系统配给	系统配给		
5	切断	T02	02	800	0.5	1.5	
6	停车检验						
编制	××	审核	××	批准	××	日期 ××	共××页 第××页

粗车外轮廓可使用复合循环切削指令 G71，为精加工预留加工余量 0.3 mm。由于零件为单调轮廓，可以采用指令 G71 Ⅰ型进行加工。精车外轮廓时使用精车循环指令 G70。螺纹加工过程中，可使用螺纹切削循环指令 G92。查阅表 3-2，每次的切削用量为 0.8 mm，0.6 mm，0.4 mm 和 0.16 mm。

(2) 数控加工程序。

由上述参数编制的数控加工程序如下：

代　码	注　　释
O0013;	程序名：O0013
T0101;	采用 T01 号刀具(外圆车刀)和 01 号刀偏值
M03 S800;	主轴正转，转速 800 r/min
G00 X50.0 Z40.0;	快速到达换刀点(50.0, 40.0)处
X44.0 Z1.5;	快速到达循环起点(44.0, 1.5)处
G71 U1.5 R0.5;	外圆切削复合循环，每次进刀量 1.5 mm，退刀量 0.5 mm
G71 P060 Q160 U0.3 W0.3 F0.5;	定义精加工程序起始段、加工余量和刀具进给速度
N060 G01 X18.0;	刀具沿 X 轴方向到达轮廓起点延长线处
N070 X23.85 Z-1.5;	切削倒角 C1.5
N080 Z-24.0;	切削外圆φ23.85 mm
N090 X27.0;	切削端面
N100 X30.0 Z-25.5;	切削倒角 C1.5
N110 Z-47.0;	切削外圆φ30 mm
N120 G02 X32.0 Z-48.0 R1.0;	切削圆角 R1.0 mm
N130 G01 X37.0;	切削端面
N140 X40.0 Z-49.5;	切削倒角 C1.5
N150 Z-68.0;	切削外圆φ40 mm
N160 X42.0;	切削端面
M03 S1200;	主轴正转，将转速提高至 1200 r/min
G70 P060 Q160 F0.2;	指定精加工程序段的起止段号，对轮廓进行精加工
G00 X50.0 Z40.0;	快速移动刀具至换刀点(50.0, 40.0)处
T0100;	释放 T01 号刀具的刀偏值
T0202;	调用 T02 号刀具(割刀)和 02 号刀偏值
M03 S800;	主轴正转，转速 800 r/min
G00 X44.0 Z1.5;	快速移动刀具至切削临近点(44.0, 1.5)处
Z-24.0;	沿 Z 轴到达切削位置的径向φ44 mm 处
G01 X20.0 F0.5;	切削退刀槽至尺寸φ20 mm 处
X44.0;	沿 X 轴退刀至φ44 mm 处
Z-22.0;	沿 Z 轴方向移动 2 mm
X20.0;	切削退刀槽至尺寸φ20 mm 处
X44.0;	沿 X 轴退刀至φ44 mm 处
Z1.5;	移动刀具至切削临近点(44.0, 1.5)处
G00 X50.0 Z40.0;	快速移动刀具至换刀点(50.0, 40.0)处
T0200;	释放 T02 号刀具的刀偏值
T0303;	调用 T03 号刀具(螺纹刀)和 03 号刀偏值
G00 X44.0 Z1.5;	快速移动刀具至切削临近点(44.0, 1.5)处
G92 X23.2 Z-21.0 F1.5;	螺纹加工第一次循环

续表

代 码	注 释
X22.6;	螺纹加工第二次循环
X22.2;	螺纹加工第三次循环
X20.04;	螺纹加工第四次循环
G00 X50.0 Z40.0;	快速移动刀具至换刀点(50.0, 40.0)处
T0300;	释放 T03 号刀具的刀偏值
T0202;	调用 T02 号刀具(割刀)和 02 号刀偏值
G00 X42.0;	Z 轴方向到达切断位置
Z-68.0;	
G01 X-2.0 F0.5;	沿 X 轴方向切断工件
X42.0;	刀具回退到工件外
G00 X50.0 Z40.0;	快速移动刀具至换刀点(50.0, 40.0)处
T0200;	释放 T02 号刀具的刀偏值
M05;	主轴停止
M30;	程序结束

3.7.2　阶梯轴加工案例 2

【例 3-17】　编制图 3-33 所示零件的数控加工程序(材质：45 钢，数量：10 件)。

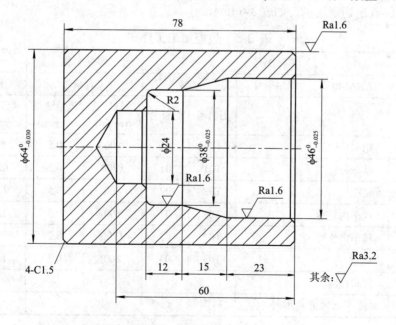

图 3-33　阶梯轴加工案例 2

(1) 图样及工艺分析。

零件表面由内外圆柱面组成，多个轴段有较高的尺寸精度要求和粗糙度要求。零件图尺寸完整，零件材料为 45 钢，无热处理和硬度要求，可采用数控车削工艺进行加工。采用

φ66 mm × 108 mm 的棒料作为毛坯,工件坐标系设置在毛坯右端面中心处,编程时取基本尺寸即可。采用三爪卡盘装夹,加工完成后切断。

　　首先采用外圆车刀(T01)进行外圆柱面的粗精加工,然后使用φ24 mm 麻花钻(T02)钻孔,使用内孔车刀(T03)加工内孔表面,最后使用割刀(T04)将工件切断。工艺过程所对应的刀具卡片如表 3-5 所示。

表 3-5　数控加工刀具卡

工序号		10	零件图号		××		零件名称	阶梯轴 2
数控设备		CK6140	程序编号		××		夹具编号	通用夹具
序号	刀具号	刀具规格名称	数量	刀具半径	刀具长度		加工内容	备注
1	T01	45° 硬质合金外圆车刀	1	0.4	100		圆柱面、倒角等表面的粗精加工	25 mm × 25 mm
2	T02	φ24 mm 麻花钻	1	0.3	100		钻底孔	
3	T03	内孔车刀(或内割刀)	1	0.4	90		内孔表面	
4	T04	宽 4 mm 切断(槽)刀	1	0.2	100		切断	
编制	××	审核	××	批准	××	日期	××	共××页　　　第××页

　　确定零件表面的加工顺序后,需根据加工表面质量要求、刀具材料和工件材料查阅有关资料,最终确定切削用量,如表 3-6 所示。

表 3-6　数控加工工序卡

工序号		10	零件图号		××	零件名称		××	
数控设备		CK6140	程序编号		××	夹具编号		通用夹具	
工步		作业内容	刀具号	刀补号	主轴转速/(r/min)	进给速度/(r/mm)	吃刀量/mm	备注	
1		粗车外轮廓	T01	01	800	0.5	1.5		
2		精车外轮廓	T01	01	1200	0.2	0.2		
3		钻孔	T02	02	800	0.5	1.5		
4		粗车内轮廓	T03	03	800	0.5	1.5		
5		精车内轮廓	T03	03	1200	0.2	0.2		
6		切断	T04	04	800	0.5	1.5		
7		停车检验							
编制	××	审核	××	批准	××	日期	××	共××页	第××页

　　粗车外轮廓可采用指令 G71 Ⅰ型进行加工,为精加工预留加工余量 0.3 mm。精车外轮廓时使用精车循环指令 G70。钻孔后,内孔表面的粗加工可用内孔车刀采用指令 G71 Ⅰ型进行加工,也可用内割刀采用指令 G72 进行加工,为精加工预留加工余量 0.3 mm。最后使用精车循环指令 G70 进行内孔表面精加工。

(2) 数控加工程序。

由上述参数编制的数控加工程序如下：

代　码	注　释
O0014;	程序名：O0014
T0101;	采用 T01 号刀具(外圆车刀)和 01 号刀偏值
M03 S800;	主轴正转，转速 800 r/min
G00 X80.0 Z80.0;	快速到达换刀点(80.0, 80.0)处
X66.0 Z1.5;	快速到达循环起点(66.0, 1.5)处
G71 U1.5 R0.5;	外圆切削复合循环，每次进刀量 1.5 mm，退刀量 0.5 mm
G71 P060 Q090 U0.3 W0.3 F0.5;	定义精加工程序起始段、加工余量和刀具进给速度
N060 G01 X58.0;	刀具沿 X 轴方向到达轮廓起点延长线处
N070 X64.0 Z-1.5;	切削倒角 C1.5
N080 Z-82.0;	切削外圆φ64 mm
N090 X66.0;	切削端面
M03 S1200;	主轴正转，将转速提高至 1200 r/min
G70 P060 Q090 F0.2;	指定精加工程序段的起止段号，对轮廓进行精加工
G00 X80.0 Z80.0;	快速移动刀具至换刀点(80.0, 80.0)处
T0100;	释放 T01 号刀具的刀偏值
T0202;	调用 T02 号刀具(φ24 mm 麻花钻)和 02 号刀偏值
M03 S800;	主轴正转，转速 800 r/min
G00 Z1.5;	快速移动刀具至切削临近点(0, 1.5)处
X0.0;	
G01 Z-67.0 F0.5;	沿 Z 轴方向切削到 Z-67 mm 处
Z1.5;	移动刀具至切削临近点(0, 1.5)处
G00 X80.0 Z80.0;	快速移动刀具至换刀点(80.0, 80.0)处
T0200;	释放 T02 号刀具的刀偏值
T0303;	调用 T03 号刀具(内圆车刀)和 03 号刀偏值
G00 X22.0;	快速移动刀具至切削临近点(22.0, 1.5)处
Z1.5;	
G71 U1.5 R0.5;	内圆切削复合循环，每次进刀量 1.5 mm，退刀量 0.5 mm
G71 P100 Q170 U-0.3 W0.3 F0.5;	定义精加工程序起始段、加工余量和刀具进给速度
N100 G01 X52.0 Z1.5;	刀具沿 X 轴方向到达轮廓起点延长线处
N110 X46.0 Z-1.5;	切削倒角 C1.5
N120 Z-23.0;	切削内圆φ46 mm
N130 X38.0 Z-38.0;	切削锥面
N140 Z-48.0;	切削内圆φ38 mm
N150 G03 X34.0 Z-50.0 R2.0	切削内圆角 R2.0 mm

代　　码	注　　释
N160 G01 X27.0;	切削端面
N170 X24.0 Z-51.5;	切削倒角 C1.5
M03 S1200;	主轴正转，将转速提高至 1200 r/min
G70 P100 Q170 F0.2;	指定精加工程序段的起止段号，对轮廓进行精加工
G00 X80.0 Z80.0;	快速移动刀具至换刀点(80.0, 80.0)处
T0300;	释放 T03 号刀具的刀偏值
T0404;	调用 T04 号刀具(割刀)和 04 号刀偏值
G00 X67.0; Z-82.0;	Z 轴方向到达切断位置
G01 X-2.0 F0.5;	沿 X 轴方向切断工件
X67.0;	刀具回退到工件外
G00 X80.0 Z80.0;	快速移动刀具至换刀点(80.0, 80.0)处
T0400;	释放 T04 号刀具的刀偏值
M05;	主轴停止
M30;	程序结束

3.7.3　阶梯轴加工案例 3

【例 3-18】 编写图 2-15 所示零件的数控加工程序。

(1) 图样及工艺分析。

工艺分析过程请参阅 2.6.2。

先进行左端加工，粗车外轮廓可使用复合循环切削指令 G71，为精加工预留加工余量 0.3 mm。由于零件为单调轮廓，可以采用指令 G71 Ⅰ 型进行加工。精车外轮廓时使用精车循环指令 G70。螺纹加工过程中，可使用螺纹切削循环指令 G92。查阅表 3-1，每次的切削用量为 0.8 mm，0.6 mm，0.4 mm 和 0.16 mm。

右端加工，粗车外轮廓时，由于零件为非单调轮廓，需采用指令 G71 Ⅱ 型进行加工。为精加工预留加工余量 0.3 mm。精车外轮廓时使用精车循环指令 G70。

(2) 数控加工程序。

左端加工，编制的加工程序指令如下：

代　　码	注　　释
O0015;	程序名：O0015
T0101;	采用 T01 号刀具(外圆车刀)和 01 号刀偏值
M03 S800;	主轴正转，转速 800 r/min
G00 X60.0 Z80.0;	快速到达换刀点(60.0, 80.0)处
X44.0 Z1.5;	快速到达循环起点(44.0, 1.5)处
G71 U2.0 R1.0;	外圆切削复合循环，每次进刀量 2.0 mm，退刀量 1.0 mm
G71 P060 Q160 U0.3 W0.3 F0.5;	定义精加工程序起始段、加工余量和刀具进给速度

续表

代　码	注　释
N060 G01 X18.0;	刀具沿 X 轴方向到达轮廓起点处
N070 X23.85 Z-1.5;	切削倒角 C1.5
N080 Z-24.0;	切削外圆φ23.85 mm
N090 X27.0;	切削端面
N100 X30.0 Z-25.5;	切削倒角 C1.5
N110 Z-47.0;	切削外圆φ30 mm
N120 G02 X32.0 Z-48.0 R1.0;	切削圆角 R1.0 mm
N130 G01 X37.0;	切削端面
N140 X40.0 Z-49.5;	切削倒角 C1.5
N150 Z-64.0;	切削外圆φ40 mm
N160 X42.0;	切削端面
M03 S1200;	主轴正转，将转速提高至 1200 r/min
G70 P060 Q160 F0.2;	指定精加工程序段的起止段号，对轮廓进行精加工
G00 X60.0 Z80.0;	快速移动刀具至换刀点(60.0, 80.0)处
T0100;	释放 T01 号刀具的刀偏值
T0202;	调用 T02 号刀具(割刀)和 02 号刀偏值
M03 S800;	主轴正转，转速 800 r/min
G00 X44.0 Z1.5;	快速移动刀具至切削临近点(44.0, 1.5)处
Z-24.0;	沿 Z 轴方向到达切削位置的径向φ44 mm 处
G01 X20.0 F0.5;	切削退刀槽至尺寸φ20 mm 处
X44.0	沿 X 轴方向退刀至φ44 mm 处
Z-22.0;	沿 Z 轴方向移动 2 mm
X20.0	切削退刀槽至尺寸φ20 mm 处
X44.0;	沿 X 轴方向退刀至φ44 mm 处
Z1.5;	移动刀具至切削临近点(44.0, 1.5)处
G00 X60.0 Z80.0;	快速移动刀具至换刀点(60.0, 80.0)处
T0200;	释放 T02 号刀具的刀偏值
T0303;	调用 T03 号刀具(螺纹刀)和 03 号刀偏值
G00 X44.0 Z1.5;	快速移动刀具至切削临近点(44.0, 1.5)处
G92 X23.2 Z-21.0 F1.5;	螺纹加工第一次循环
X22.6;	螺纹加工第二次循环
X22.2;	螺纹加工第三次循环
X20.04;	螺纹加工第四次循环
G00 X60.0 Z80.0;	快速移动刀具至换刀点(60.0, 80.0)处
M05;	主轴停止
M30;	程序结束

右端加工，编制加工程序指令如下：

代　码	注　释
O0016;	程序名：O0016
T0104;	采用 T01 号刀具(外圆车刀)和 01 号刀偏值
M03 S800;	主轴正转，转速 800 r/min
G00 X60.0 Z80.0;	快速移动刀具至换刀点(60.0, 80.0)处
G42 X44.0 Z2.0;	建立刀尖圆弧半径补偿并快速到达循环起点(44.0, 2.0)处
G71 U2.0 R1.0;	外圆切削复合循环，每次进刀量 2.0 mm，退刀量 1.0 mm
G71 P060 Q130 U0.3 R0.3 F0.5;	定义精加工程序起始段、加工余量和刀具进给速度
N060 G01 X0.0 W0.0;	刀具沿 X 轴方向到达工件轴线处
N070 Z0.0;	刀具沿 Z 轴方向到达切削起点处
N080 G03 X18.0 Z-27.0 R15.0;	切削圆弧 R15.0 mm
N090 G01 Z-33.0;	切削外圆φ18 mm
N100 X24.0;	切削端面
N110 X34.0 Z-64.0;	切削锥面
N120 X37.0;	切削端面
N130 X40.0 Z-65.5;	切削倒角 C1.5
G70 P060 Q130 F0.2;	指定精加工程序段的起止段号，对轮廓进行精加工
G40;	取消刀尖圆弧半径补偿
G00 X60.0 Z80.0;	快速移动刀具至换刀点(60.0, 80.0)处
T0100;	释放 T01 号刀具的刀偏值
M05;	主轴停止
M30;	程序结束

课 后 习 题

1. 简答题

(1) 什么是增量编程和绝对编程？

(2) 简述快移指令 G00 和直线插补指令 G01 的差异以及其适用环境。

(3) 前置刀架和后置刀架数控车床上，该如何判断圆弧的顺逆？

(4) 简述圆弧插补指令的两种表述形式，并解释参数含义。

(5) 简述在数控车床上用外圆车刀试切法建立工件坐标系的过程。

(6) 理想刀尖如何定义？使用刀尖号的作用是什么？

(7) 在数控车削加工时，为什么要使用刀尖圆弧半径补偿指令？如何使用？

(8) 简述指令 G90 或 G94 车削圆锥面的走刀路线并解释参数含义。

(9) 简述指令 G71 的参数含义，并画出其走刀路线。

(10) 简述指令 G71 Ⅰ型和Ⅱ型的差异及其适用环境。

(11) 数控车削编程时，指令 G71 段该如何添加刀尖圆弧半径补偿？

(12) 数控车削编程时，指令 G70 段该如何添加刀尖圆弧半径补偿？

(13) 简述指令 G72 的参数含义，并画出其走刀路线。

(14) 简述指令 G73 的参数含义，并画出其走刀路线。

(15) 螺纹加工常用指令有哪些？请解释指令参数的含义。

2. 编程题

(1) 图 3-34 所示工件已完成粗加工，请分别采用增量编程法、绝对编程法在后置刀架数控车床上编制此零件的精加工程序。

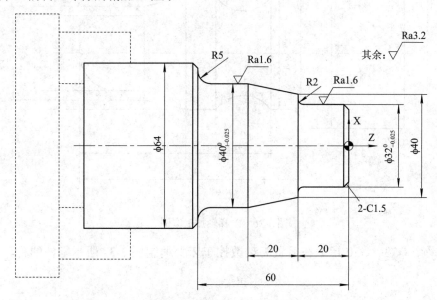

图 3-34　阶梯轴加工案例

(2) 请使用增量编程法在后置刀架数控机床上完成图 3-12 所示零件的数控加工程序。

(3) 请使用增量编程法在后置刀架数控机床上完成图 3-14 所示零件的数控加工程序。

(4) 采用指令 G90 或 G94 在后置刀架数控机床上完成图 3-35 所示零件的数控加工程序。

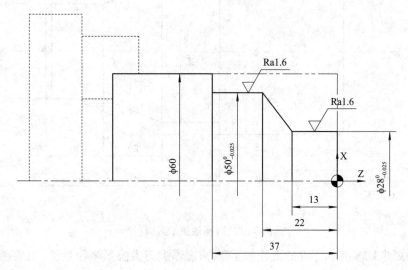

图 3-35　阶梯轴加工案例

(5) 采用指令 G71(或 G72)、指令 G70 在后置刀架数控车床上编制图 3-36 所示零件的粗精加工程序(需添加刀尖圆弧半径补偿,刀尖圆弧半径为 R0.4 mm)。

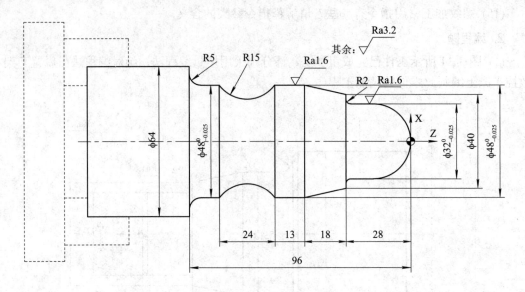

图 3-36　阶梯轴加工案例

(6) 采用 G73、G70 指令在后置刀架数控车床上编制图 3-37 所示零件的粗、精加工程序。

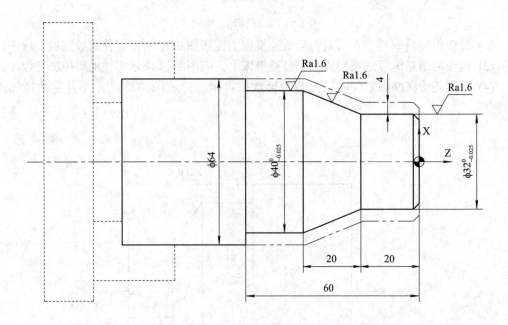

图 3-37　阶梯轴加工案例

(7) 完成图 3-38 所示零件的数控加工程序(需添加刀尖圆弧半径补偿,刀尖圆弧半径为 R0.4 mm)。

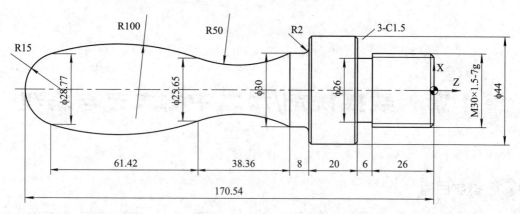

图 3-38　阶梯轴加工案例

(8) 完成图 2-17 所示零件的数控加工程序。

(9) 完成图 2-18 所示零件的数控加工程序。

(10) 采用指令 G71、G76 在后置刀架数控车床上编制图 3-39 所示零件的数控加工程序。

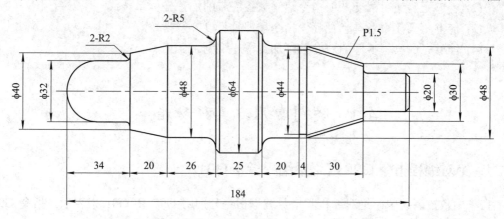

图 3-39　阶梯轴加工案例

3. 论述题

(1) 扫描如下二维码，观看数控车削加工视频。从保证加工效率和加工质量方面考虑，谈一谈应该怎样选择编程指令和工艺参数。

数控车削加工视频

(2) 网上查阅资料，总结 FANUC 系统与华中数控系统在车削加工领域的指令差异。简述在多重复合循环指令下，两种数控系统在处理刀尖圆弧半径补偿时所采取的措施。

第 4 章　数控铣削/加工中心工艺与编程

 教学目标

本章节以华中 818M 数控铣床/加工中心数控系统为教学平台，讲解数控铣削加工指令。通过本章的教学，学生应该做到：

(1) 掌握常用数控铣削加工指令参数的含义及使用方法。

(2) 能够正确使用试切法或指令建立数控铣床的加工坐标系。

(3) 能够正确使用刀具半径补偿指令和刀具长度补偿指令。

(4) 能够完成典型零件的数控铣削加工程序编制。

4.1　铣削常用刀具移动指令

4.1.1　绝对编程指令 G90 与增量编程指令 G91

在华中数控系统中，绝对编程和增量编程指令分别用 G90 和 G91 来表示。指令 G90 和 G91 为模态指令，可以与 G00、G01、G02 和 G03 配合使用。例如：

绝对编程：G90 G00 X10.0 Y20.0 Z0；(刀尖快速到达(10.0, 20.0, 0)坐标点处)

增量编程：G91 G01 X10.0 Y20.0 Z0 F100；(刀尖以线性插补方式从当前位置达到目标点，目标点相对于起点的增量坐标为(10.0, 20.0, 0))

增量编程：G91 G02 X30.0 Y0.0 R30.0 F100；(刀尖以顺时针圆弧插补方式从当前位置到达目标点，目标点相对于起点的增量坐标为(30.0, 0)，插补半径为 30.0 mm)

4.1.2　平面选择指令 G17、G18 和 G19

在进行三维铣削加工时，存在 XY、XZ 和 YZ 三个加工平面。在进行铣削加工前，用户必须指定加工平面。在华中数控系统中，指定铣削加工平面的指令为 G17、G18 和 G19，这三个指令分别代表加工平面为 XY、XZ 和 YZ 平面，如图 4-1 所示。指令 G17、G18 和 G19 均为模态指令，在默认情况下，加工平面的指令为 G17(XY 平面)。

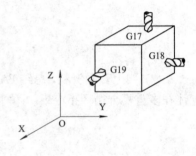

图 4-1　选择加工平面

4.1.3　快移指令 G00 与直线插补指令 G01

快移指令 G00 可以使刀具以点位运动的形式从刀具当前位置快速定位到下一目标位置，用于进刀和退刀过程中。直线插补指令 G01 可以使刀具以坐标轴联动的形式，从刀具当前位置线性插补到下一目标位置。

> 指令格式：
>
> G00 X_Y_Z_ ;
>
> G01 X_Y_Z_F_ ;
>
> 说明：
>
> X、Y 和 Z——在 G90 中指定终点在工件坐标系下的绝对坐标，在 G91 中指定终点相对于起点的坐标增量；
>
> F——指定进给速度(mm/min)。

4.1.4　圆弧插补指令 G02、G03

圆弧插补指令 G02 和 G03 可以使刀具在指定加工平面(G17、G18 或 G19)内沿指定圆弧方向运行到下一目标位置。指令 G02 和 G03 均为模态指令，G02 表示顺时针圆弧插补，G03 表示逆时针圆弧插补。

> 指令格式：
>
> 绝对编程指令 G90 为
>
> 　　G90 G17/G18/G19 G02/G03 X_Y_R_F_ ;
>
> 　　G90 G17/G18/G19 G02/G03 X_Y_I_J_F_ ;
>
> 增量编程指令 G91 为
>
> 　　G91 G17/G18/G19 G02/G03 X_Y_R_F_ ;
>
> 　　G91 G17/G18/G19 G02/G03 X_Y_I_J_F_ ;
>
> 说明：
>
> X 和 Y——在 G90 G17 中指定终点在工件坐标系下的绝对坐标，在 G91 G17 中指定终点相对于起点的坐标增量；
>
> R——指定圆弧半径，为"+"时表示劣弧，为"-"时表示优弧；
>
> I, J——指定表示圆心相对于刀具起始点的向量在 X 轴和 Y 轴方向；
>
> F——指定进给速度(mm/min)。
>
> 在程序段中指定工作平面为 G18 或 G19 时，(X,Y)分别用(X, Z)或(Y, Z)替代，I、J 分别用 I、K 或 J、K 替代。

顺逆圆弧的判定方法同 3.1.3 节所述。在各加工平面内，顺逆圆弧如图 4-2 所示。

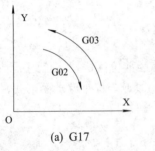
(a) G17

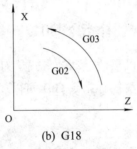
(b) G18

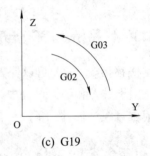
(c) G19

图 4-2　顺逆圆弧方向判定

当采用圆弧半径 R 进行圆弧插补指令编程时，已知刀具起始点、终止点的坐标和圆弧半径 R，刀具的路线可能不唯一。如图 4-3 所示，刀具可能沿路线 1 做圆弧插补，也有可能沿路线 2 做圆弧插补。为了区分两段圆弧之间的差异，FANUC 数控系统规定圆心角 α≤180° 时，R 取正值，圆心角 α>180° 时，R 取负值。

当采用圆弧半径 R 进行圆弧插补指令编程时，刀具不能依靠一条指令就加工出一个整圆，这时只能采用 I、K 来指定圆心的位置。

图 4-3　优弧与劣弧

4.1.5　螺旋插补指令 G02、G03

指令 G02 和 G03 除了可以用于圆弧插补外，还可通过指定第三轴的移动距离来实现螺旋线插补。

指令格式：

绝对编程指令 G90 为

　　G90 G17 G02/G03 X_ Y_ Z_ R_ L_ F_;

　　G90 G17 G02/G03 X_ Y_ Z_ I_ J_ L_ F_;

增量编程指令 G91 为

　　G91 G17 G02/G03 X_ Y_ Z_ R_ L_ F_;

　　G91 G17 G02/G03 X_ Y_ Z_ I_ J_ L_ F_;

说明：

X、Y、Z——在 G90 G17 时，指定终点在工件坐标系下的绝对坐标(X, Y, Z)，在 G91 G17 时，指定终点相对于起点的增量坐标(X, Y, Z)；

R——指定圆弧半径(为"+"时表示劣弧，为"-"时表示优弧)；

L——指定螺旋线旋转圈数，为不带小数点的正数；

I, J——指定圆心相对于刀具起始点的向量在 X 轴和 Y 轴方向的分量；

F——指定进给速度(mm/min)。

在程序段中指定工作平面为 G18 或 G19 时，X、Y、Z 分别用 X、Z、Y 或 Y、Z、X 替代，I、J 分别用 I、K 或 J、K 替代。

　　螺旋线插补的旋转方向可以参考螺旋线投影到二维平面的圆弧方向。

　　在编程时，如位置指令(X, Y, Z)全部省略，则表示刀尖起点和终点重合，此时用(I, J, K)编程指定的就是一个整圆。如用 R 指定，则为 0 度的弧，此时数控系统会报警。

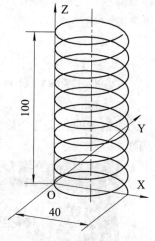

　　【例 4-1】　如图 4-4 所示的螺旋线路线中，刀具起刀点位于(40, 0, 0)处，请编程使刀具走出该螺旋线路线。

　　(1) 绝对编程：

　　G90 G03 X40.0 Y0 Z100.0 I-20.0 J0 L10 F100;

　　(2) 增量编程：

　　G91 G03 X0 Y0 Z100.0 I-20.0 J0 L10 F100;

　　用户需要注意的是，在有些数控系统中，螺旋线插补无法指定螺旋线圈数 L，即螺旋线插补指令一次只能走一圈。在这种数控系统中，可以利用宏程序中的循环功能实现多圈螺旋线的插补(宏程序将在 4.7 节进行讲述)。

图 4-4　螺旋线插补应用实例

4.2　建立坐标系指令

　　在华中数控铣床/加工中心数控系统中，可以通过以下两种方法建立工件坐标系：

　　(1) 使用工件坐标系选择 G 代码来设置工件坐标系。

　　用户需事先在数控系统界面上进行坐标设置，设定六个标准工件坐标系(G54～G59)和 60 个扩展工件坐标系(G54.x)，并在程序中通过相应的 G 代码来执行工件坐标系指令。

　　(2) 通过 G92 指令来设定工件坐标系。

　　在程序中调用 G92 指令，通过指定刀位点当前的坐标值，间接建立工件坐标系。

　　此外，华中数控系统提供了局部坐标系功能指令 G52 和极坐标系功能指令 G15、G16，供用户选择使用。

4.2.1　建立工件坐标系指令 G54～G59

　　在使用工件坐标系前，用户需要在数控系统界面上完成对机床参数的设置。通过对刀找到工件坐标系原点在机床坐标系中的位置，并将坐标系原点所在位置输入系统参数表中，如图 4-5 所示。

　　参数设定完成后，用户在编制加工程序时，可以直接使用相应的 G 代码来调用工件坐标系。例如：

　　　O0001;

　　　G54;

　　　G90 G17 G00 X100.0 Y200.0 Z20.0;

　　　M30;

　　上述指令的含义是，让刀具快速定位到 G54 坐标系下的坐标点(100.0, 200.0, 20.0)处。

除了 G54～G59 这六个标准工件坐标系外,华中数控加工中心还提供了 60 个扩展工件坐标系供用户选择。调用方法是在程序指令中输入 G54.x(x 为指定扩展工件坐标系的编号,范围是 1～60)。例如:

O0001;

G54.12;

G90 G17 G00 X100.0 Y200.0 Z20.0;

M30;

上述指令的含义是,让刀具快速定位到第 12 个扩展坐标系下的坐标点(100.0, 200.0, 20.0)处。

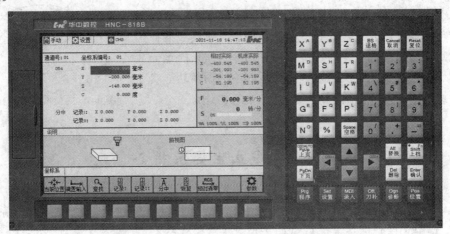

图 4-5　华中 818 数控加工中心工件坐标系设定

4.2.2　建立工件坐标系指令 G92

指令 G92 通过设定刀尖与工件坐标系原点的相对位置来建立工件坐标系。工件坐标系一旦建立,在绝对编程时的指令目标值就是刀尖在该坐标系下的坐标值。

指令格式:

　　G92 X_ Y_ Z_ ;

说明:

X、Y 和 Z——指定当前刀位点在工件坐标系下的绝对坐标。

如图 4-6 所示,在程序中执行 G92 X100.0 Y100.0 Z100.0,表示当前刀位点在工件坐标系下的绝对坐标为(100.0, 100.0, 100.0)。数控系统可以此推算出工件坐标系原点的位置,然后基于该工件坐标系完成后续指令的加工动作。

使用指令 G92 时,要注意以下几点:

(1) 执行此程序段时,只建立工件坐标系,刀具不产生运动。

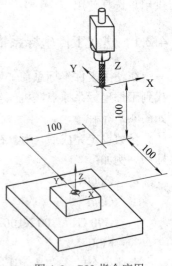

图 4-6　G92 指令应用

(2) 指令 G92 为非模态指令。

(3) 使用指令 G92 建立工件坐标系进行零件加工时，在程序结束前刀尖一定要返回至工件坐标系建立时的位置。否则，该程序仅能执行一次。

4.2.3　建立局部坐标系指令 G52

零件上的某些特征在加工过程中如图 4-7 所示，若直接使用工件坐标系编程，可能会涉及复杂的坐标运算。这种情况下，用户可以在工件坐标系下建立局部坐标系来编程。使用局部坐标系指令 G52 先将工件坐标系原点移动至 O_1 处进行左边孔系的加工，然后再将工件坐标系原点移动至 O_2 处进行右边孔系的加工。待加工完成后，再将局部坐标系原点移动至 O 处，与原工件坐标系原点重合。

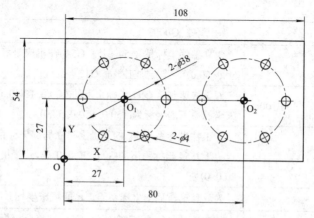

图 4-7　局部坐标系指令应用实例

局部坐标系指令 G52 的格式如下所述。

> 指令格式：
>
> 　　G52 X_ Y_ Z_;　　　设定局部坐标系
>
> 　　…
>
> 　　G52 X;　　　　　　　取消局部坐标系
>
> 说明：
>
> 　　X、Y 和 Z——在工件坐标系下，指定局部坐标系的原点位置。

在所有的工件坐标系下均可以设定局部坐标系。用户设定局部坐标系后，程序中刀具的移动指令均按照局部坐标系下的坐标执行。如果要取消局部坐标系或在工件坐标系下指定坐标，需将局部坐标系原点与工件坐标系原点重合。例如：

代　　码	注　　释
O0002;	程序名：O0002
G54 G17;	建立工件坐标系 G54(假设 G54 在机床坐标系下的坐标为(50.0, 50.0, 50.0))，指定加工平面 G17
G90 G01 X100.0 Y100.0 Z0 F100;	刀具快速到达 G54 坐标系下的(100.0, 100.0, 0)处，此时刀尖在机床坐标系下的坐标为(150.0, 150.0, 50.0)

代　码	注　释
G52 X30.0 Y30.0 Z0;	在工件坐标系 G54 的基础上建立局部坐标系,局部坐标系的原点位于 G54 坐标系下的(30.0, 30.0, 0)处,位于机床坐标系下的(80.0, 80.0, 0)处
G01 X0 Y0 Z0;	刀具移动至局部坐标系原点
G52 X0 Y0 Z0;	取消局部坐标系设定,恢复至工件坐标系 G54 下
G01 X0 Y0 Z0;	刀具移动至工件坐标系原点,即机床坐标系下的(50.0, 50.0, 50.0)处
M30;	程序结束

如果局部坐标系未取消,工件坐标系变化,则局部坐标系仍然有效。例如:

代　码	注　释
O0003;	程序名:O0003
G54 G17;	建立工件坐标系 G54(假设 G54 在机床坐标系下的坐标为(50.0, 50.0, 50.0)),指定加工平面 G17
G90 G01 X100.0 Y100.0 Z0 F100;	刀具快速到达 G54 坐标系下的(100.0, 100.0, 0)处,此时刀尖在机床坐标系下的坐标为(150.0, 150.0, 50.0)
G52 X30.0 Y30.0 Z0;	在工件坐标系 G54 的基础上建立局部坐标系,局部坐标系的原点位于 G54 坐标系下的(30.0, 30.0, 0)处,位于机床坐标系下的(80.0, 80.0, 0)处
G01 X0 Y0 Z0;	刀具移动至局部坐标系原点,即机床坐标系下的(80.0, 80.0, 0)处
G55;	建立工件坐标系 G55(假设 G55 在机床坐标系下的坐标为(10.0, 10.0, 10.0))
G01 X0 Y0 Z0;	局部坐标系指令仍然有效,刀具移动至局部坐标系原点,即机床坐标系下的(40.0, 40.0, 10.0)处
G52 X0 Y0 Z0;	取消局部坐标系设定,恢复至 G55 坐标系下
G01 X0 Y0 Z0;	回到 G55 坐标系原点,即机床坐标系下的(10.0, 10.0, 10.0)处
M30;	程序结束

4.2.4　建立/取消极坐标系指令 G16、G15

在加工圆周上的孔时,如图 4-7 所示,工序尺寸通常是圆周半径(直径)尺寸和圆心连线与坐标轴的夹角。针对具有这种特征的零件,可以采用极坐标编程,利用极坐标半径和角度来确定孔中心的位置。采用极坐标编程可以有效减少直角坐标编程时的工作量,提高编程效率。

极坐标编程使用的指令是 G16(极坐标编程生效)和 G15(撤销极坐标编程)。使用极坐标编程指令,应注意以下几点:

(1) 在数控铣床上使用极坐标编程前,应先指定加工平面(G17、G18 或 G19)。

(2) 在确定加工平面后,若极坐标原点不在工件坐标系原点处,可使用 G52 指令指定极坐标系原点的位置,然后再采用极坐标编程。

(3) 在采用极坐标编程时,平面内的第一坐标轴地址用来表示极坐标半径,第二坐标轴地址用来表示极坐标角度(极坐标 0°方向是第一坐标轴的正向)。

【例 4-2】 如图 4-7 所示零件,工件坐标系 G54 位于工件左下角,请使用极坐标编程指令 G16、G15 实现刀具在孔中心的定位。

在本案例中,需使用极坐标系指令 G16、G15 和局部坐标系指令 G52。先使用局部坐标系指令 G52 将坐标系原点先移动到圆周中心处,然后再使用极坐标编程指令 G16 移动刀具。编制程序如下:

代 码	注 释
O0004;	程序名:O0004
G54 G17;	建立工件坐标系 G54,指定加工平面 G17
G90 G00 X0 Y0 Z0;	刀具快速到达 G54 坐标系下的(0, 0, 0)处
G52 X27.0 Y27.0 Z0;	在工件坐标系 G54 的基础上建立局部坐标系,局部坐标系的原点位于 G54 坐标系下的(27.0, 27.0, 0)处
G16;	极坐标编程生效
G01 X19.0 Y0 F100;	刀具到达第一个孔正上方,极坐标位置为(19.0, 0)
G04 P1000;	暂停 1000 ms
Y60.0;	刀具到达第二个孔正上方,极坐标位置为(19.0, 60.0)
G04 P1000;	暂停 1000 ms
Y120.0;	刀具到达第三个孔正上方,极坐标位置为(19.0, 120.0)
G04 P1000;	暂停 1000 ms
Y180.0;	刀具到达第四个孔正上方,极坐标位置为(19.0, 180.0)
G04 P1000;	暂停 1000 ms
Y240.0;	刀具到达第五个孔正上方,极坐标位置为(19.0, 240.0)
G04 P1000;	暂停 1000 ms
Y300.0;	刀具到达第六个孔正上方,极坐标位置为(19.0, 300.0)
G04 P1000;	暂停 1000 ms
G15;	极坐标编程失效
G52 X80.0 Y27.0 Z0;	在工件坐标系 G54 的基础上建立局部坐标系,局部坐标系的原点位于 G54 坐标系下的(80.0, 27.0, 0)处
G16;	极坐标编程生效
G01 X19.0 Y0 F100;	刀具到达第一个孔正上方,极坐标位置为(19.0, 0)
G04 P1000;	暂停 1000 ms
Y60.0;	刀具到达第二个孔正上方,极坐标位置为(19.0, 60.0)
G04 P1000;	暂停 1000 ms
Y120.0;	刀具到达第三个孔正上方,极坐标位置为(19.0, 120.0)
G04 P1000;	暂停 1000 ms
Y180.0;	刀具到达第四个孔正上方,极坐标位置为(19.0, 180.0)
G04 P1000;	暂停 1000 ms
Y240.0;	刀具到达第五个孔正上方,极坐标位置为(19.0, 240.0)

代　码	注　释
G04 P1000;	暂停 1000 ms
Y300.0;	刀具到达第六个孔正上方，极坐标位置为(19.0, 300.0)
G04 P1000;	暂停 1000 ms
G15;	极坐标编程失效
G52 X0 Y0 Z0;	取消局部坐标系设定，恢复至 G54 坐标系下
M30;	程序结束

4.3　刀具补偿指令

4.3.1　铣刀半径补偿指令 G41、G42 和 G40

通常，在采用立铣刀进行铣削加工时，是以零件轮廓作为走刀路线进行编程，如图 4-8 所示。由于铣刀刀位点与切削点之间相差一个刀具半径值，导致加工出的零件尺寸不合格，采用的刀具半径越大，加工出的零件尺寸越小，这显然不符合零件加工的要求。用户希望的是，按零件轮廓进行编程后，便可得到合格的零件，零件尺寸与刀具半径无关。

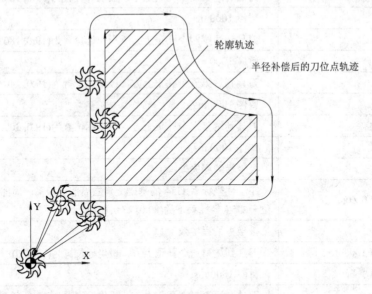

图 4-8　刀具半径补偿功能应用

华中数控加工中心系统提供了刀具半径补偿功能，用户提前将刀具的半径值输入数控系统中，然后以零件轮廓作为走刀路线编制加工程序，在程序中执行刀具半径补偿功能指令。数控系统会根据刀具半径值和走刀路线重新计算出刀位点的运动轨迹，从而保证加工出的零件尺寸与刀具半径值无关。

在华中数控加工中心系统中，刀具半径补偿功能指令包括刀具半径左补偿指令 G41、刀具半径右补偿指令 G42 和取消刀具半径补偿指令 G40。指令格式如下所述。

指令格式:

　　G17(G18/G19) G41/G42 G00/G01 X_Y_Z_D_;

说明:

X、Y 和 Z——指定移动轴的目标位置;

D——指定刀具半径的补偿号。

如图 4-9 所示,沿刀具移动方向上看,若刀具在工件的左侧,执行刀具半径左补偿指令 G41;若刀具在工件的右侧,执行刀具半径右补偿指令 G42。

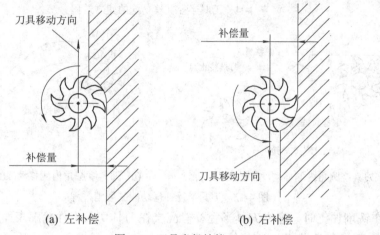

(a) 左补偿　　　　　　　　　(b) 右补偿

图 4-9　刀具半径补偿

使用刀具半径补偿指令时,要注意以下几点:

(1) 刀具半径补偿功能的建立或取消只能通过指令 G00 或 G01 来实现,不能通过指令 G02 或 G03 来实现。

(2) 在编程之前,用户应当将刀具半径值输入数控系统参数中,如图 4-10 所示。然后在编程时,在程序中指明半径补偿号。

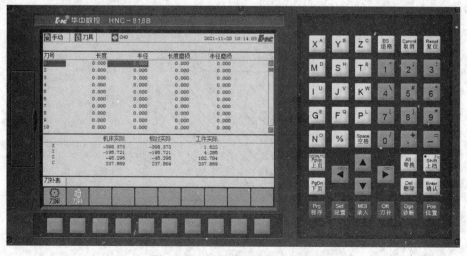

图 4-10　刀具几何参数输入界面

(3) 刀具半径补偿功能的建立需要一个过程。起刀时刀具从无偏置状态逐渐过渡到偏置状态,加工完成后刀具从偏置状态逐渐过渡到无偏置状态。整个过程如图 4-11 和图 4-12 所示。

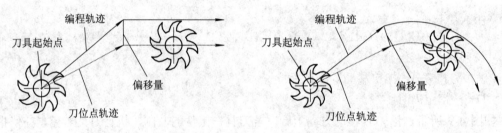

(a) 刀具绕圆角内侧移动(直线-直线)　　　　(b) 刀具绕圆角内侧移动(直线-圆弧)

图 4-11　刀具半径补偿功能的建立过程

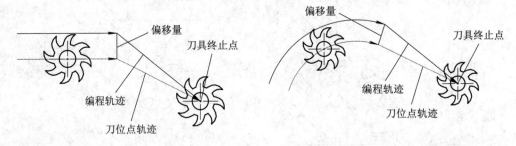

(a) 刀具绕圆角内侧移动(直线-直线)　　　　(b) 刀具绕圆角内侧移动(直线-圆弧)

图 4-12　刀具半径补偿功能的取消过程

(4) 在铣削加工时，建立刀具半径补偿应当在刀具切入工件轮廓表面前完成，取消刀具半径补偿应当在刀具切出工件轮廓后完成。

(5) 在铣削加工过程中，应避免加工的内圆角半径、沟槽宽度小于刀具半径，防止产生过切现象。

(6) 需要进行换刀或切换坐标平面(G17、G18 或 G19)时，必须提前使用 G40 指令取消刀具半径补偿功能。否则，数控系统会发出报警。

【例 4-3】　如图 4-13 所示零件，铣刀直径为φ10 mm，加工深度为 3 mm，请使用刀具半径补偿指令完成图中方形轮廓的铣削加工。

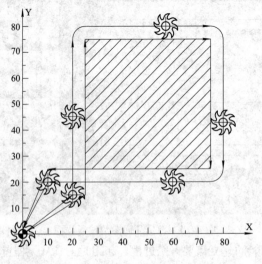

图 4-13　刀具半径补偿应用实例

起刀点位于(0, 0, 100)处，刀具先下降至工件切削深度 Z = −3 mm 处，然后在刀具接触到工件加工轮廓表面之前建立刀具半径左补偿，刀具绕工件轮廓加工一周后脱离工件加工轮廓，然后取消刀具半径补偿，刀具回到坐标系原点。编程代码如下：

代　码	注　释
O0005;	程序名：O0005
G54 G17;	建立工件坐标系 G54，指定加工平面 G17
M03 S800;	主轴正转，速度 800 r/min
G90 G00 X0 Y0 Z100.0;	刀具快速到达 G54 坐标系下的(0, 0, 100)处
Z2.0;	沿 Z 轴快速到达(0, 0, 2.0)处
G01 Z-3.0 F60;	以线性插补方式到达切削深度
G41 G01 X25.0 Y15.0 D01;	使用 G41 指令建立刀具半径左补偿，补偿号 D01
Y75.0;	沿 Y 轴方向铣削左轮廓
X75.0;	沿 X 轴方向铣削上轮廓
Y25.0;	沿 Y 轴方向铣削右轮廓
X10.0;	沿 X 轴方向铣削下轮廓
G40 G01 X0 Y0;	取消刀具半径补偿，刀具回到坐标系原点
G00 Z100;	回到刀具起始点(0, 0, 100)处
M05;	主轴停止
M30;	程序结束

4.3.2　铣刀长度补偿指令 G43、G44 和 G49

在铣削加工过程中，有可能需要先后采用多把刀具进行铣削加工，而且刀具长度不同。如图 4-14 所示的加工过程中，用 1 号刀具对刀建立工件坐标系 G54，然后换用 2 号刀执行回原点指令，由于 2 号刀具比 1 号刀具短 H_1，执行指令后刀位点位于原点正上方 H_1 处。同样，采用 3 号刀具执行回原点指令后，刀位点位于原点正下方 H_2 处。这显然不是用户想要的结果，用户希望的是，无论采用哪一把刀具，在执行程序指令后，刀位点都能到达程序指令所指定的位置，这时便需要用到刀具长度补偿指令。

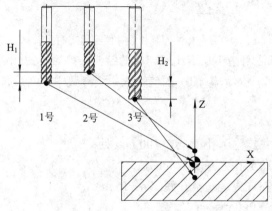

图 4-14　刀具长度补偿功能应用

华中数控加工中心系统提供了刀具长度补偿功能，用户提前将刀具的长度补偿值输入数控系统参数中，然后在程序中的适当位置执行刀具长度补偿功能指令。数控系统会根据刀具长度补偿值重新计算刀具长度，从而保证刀位点到达程序所指定的位置。

在华中数控加工中心系统中，刀具长度补偿功能指令包括刀具长度正向补偿指令 G43、刀具长度负向补偿指令 G44 和取消刀具长度补偿指令 G49。指令格式如下所述。

> 指令格式：
> 　　G17(G18/G19) G43/G44 G00/G01 X_ Y_ Z_ H_ ;
> 说明：
> X、Y 和 Z——指定移动轴的位置；
> H——指定刀具长度的补偿号。

刀具长度正向补偿指令 G43 表示将刀具长度补偿值加到刀轴(G17 时为 Z 轴)方向的理论长度值上。刀具长度负向补偿指令 G44 则表示在刀轴方向的理论长度值上减去刀具长度补偿值。例如，图 4-14 所示，2 号刀具比 1 号刀具短 H_1，执行指令 G44 后刀位点位于 Z = H_1 处，Z 值减去 H_1 才能到达原点处，因此应将 H_1 输入系统参数中，在程序中执行指令 G44 进行刀具长度负向补偿。同理，采用 3 号刀加工时，应将 H_2 输入系统参数中，在程序中执行 G43 指令进行刀具长度正向补偿。

【例 4-4】 如图 4-15 所示零件，对刀时选用钻头尺寸为 $\phi 8.0$ mm × 112 mm，工件坐标系位于工件上表面。实际加工中选用的钻头尺寸为 $\phi 8.0$ mm × 100 mm，钻孔深度为 15 mm，请正确使用刀具长度补偿指令 G43、G44 和 G49，完成图中 3 个孔的钻削加工。

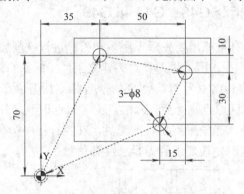

图 4-15　刀具长度补偿应用实例

在本案例中，实际使用钻头长度比对刀时的钻头长度短 12.0 mm，需要进行刀具长度负向补偿。令 H01 = 12.0 mm，将 H01 的值输入系统参数中，然后在编程时使用 G44 指令建立刀具长度补偿。

钻孔步骤如下：

(1) 刀具以快移方式定位到孔正上方 100 mm 处；

(2) 以快移方式运动至孔上方 2.0 mm 处；

(3) 刀具以线性插补方式运动至孔底(Z = −15 mm)；

(4) 刀具在孔底停留 200 ms；

(5) 刀具以快移方式回退至孔上方 2.0 mm 处；

(6) 刀具以快移方式返回到孔正上方 100 mm 处。

依据图 4-15 中所示尺寸，采用增量编程更为便捷。由此编制的数控加工程序如下：

代　　码	注　　释
O0006;	程序名：O0006
G54 G17;	建立工件坐标系 G54，指定加工平面 G17
M03 S800;	主轴正转，速度 800 r/min
G90 G00 X0 Y0 Z100.0;	刀具快速到达 G54 坐标系下的(0, 0, 100)处
G91 G00 X35.0 Y70.0;	刀具以快移方式定位到第一个孔正上方 100 mm 处
G44 Z-98.0 H01;	刀具以快移方式定位到孔正上方 2.0 mm 处，建立刀具长度补偿，补偿号为 H01
G01 Z-17.0 F60;	刀具以线性插补方式运动至孔底(Z = −15 mm)
G04 P200;	暂停 200 ms，刀具保持旋转
G00 Z17.0;	刀具以快移方式返回到孔正上方 2.0 mm 处
Z98.0;	刀具以快移方式返回到孔正上方 100 mm 处
X50.0 Y-10.0	刀具以快移方式定位到第二个孔正上方 100 mm 处
Z-98.0;	刀具以快移方式定位到孔正上方 2.0 mm 处
G01 Z-17.0 F60;	刀具以线性插补方式运动至孔底(Z = −17 mm)
G04 P200;	暂停 200 ms，刀具保持旋转
G00 Z17.0;	刀具以快移方式返回到孔正上方 2.0 mm 处
Z98.0;	刀具以快移方式返回到孔正上方 100 mm 处
X-15.0 Y-30.0	刀具以快移方式定位到第三个孔正上方 100 mm 处
Z-98.0;	刀具以快移方式定位到孔正上方 2.0 mm 处
G01 Z-17.0 F60;	刀具以线性插补方式运动至孔底(Z = −17 mm)
G04 P200;	暂停 200 ms，刀具保持旋转
G00 Z17.0;	刀具以快移方式返回到孔正上方 2.0 mm 处
G49 Z98.0;	取消刀具长度补偿，刀具以快移方式返回到孔正上方
G90 G00 X0 Y0	刀具回到坐标系原点正上方
M05;	主轴停止
M30;	程序结束

使用刀具长度补偿指令时，要注意以下几点：

(1) 刀具长度补偿功能的建立或取消只能通过 G00 或 G01 来建立，不能通过 G02 或 G03 来建立。

(2) 在编程之前，用户应当将刀具长度差值输入数控系统参数中，然后编程时在程序中指明长度补偿号。

(3) 铣削加工时，建立刀具长度补偿应当在刀具切入工件轮廓表面前完成，取消刀具长度补偿应当在刀具切出工件轮廓后完成。

(4) 刀具长度补偿方向总是垂直于指令 G17、G18 或 G19 所选平面。长度补偿在指令 G17 时添加在 Z 轴，G18 时添加在 Y 轴，G19 时添加在 X 轴。

(5) 当刀具偏置号改变时，新的偏置值并不添加到旧偏置值上。

例如：

H01 = 20 mm，H02 = 30 mm。

G90 G43 G01 Z100 H01；Z 将达到 120 mm。

G90 G43 G01 Z100 H02；Z 将达到 130 mm。

(6) 指令 G43、G44、G49 都是模态代码，可相互注销。指令 G49 后不跟刀补轴移动是非法的。

(7) 需要进行换刀或切换坐标平面(G17、G18 和 G19)时，必须提前使用指令 G49 取消刀具长度补偿功能。否则，系统会发出报警。

4.4　子程序指令

4.4.1　子程序指令 M98、M99

当一个程序中有固定加工操作重复出现时，可将这部分操作作为子程序事先输入程序中，以简化编程。在华中数控系统中，指令 M98 为子程序调用指令，指令 M99 为子程序返回指令。子程序结构及使用方法如下：

```
子程序结构：
    %××××(或 O××××);           (子程序号)
    …;          (子程序内容)
    M99;        (子程序返回)
子程序调用：
    M98 P□□□□ L△△△△;
    □□□□：(被调用的子程序号(为四位阿拉伯数字))
    △△△△：(子程序重复调用的次数(最大为 10000 次))
```

当主程序调用子程序时，子程序被当作一级子程序调用。子程序调用最多可嵌套 6 级，如图 4-16 所示。

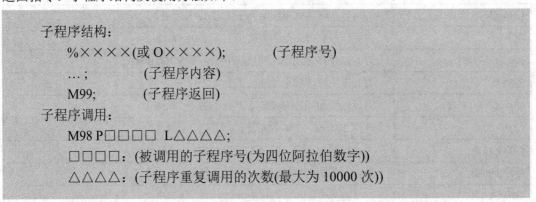

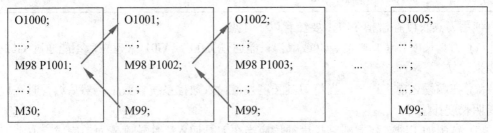

图 4-16　子程序调用示意图

4.4.2　子程序指令应用举例

【例 4-5】　如图 4-7 所示零件，工件坐标系 G54 位于工件左下角，要求钻孔深度为 10 mm，请完成该零件的钻孔加工。

该案例共规划 2 级子程序，如图 4-17 所示，子程序 1001 的功能是实现在等分的圆周上钻 6 个孔，子程序 1002 的功能是实现单一位置钻孔。

图 4-17　程序结构规划

单一钻孔步骤如下：

(1) 刀具以快移方式(G00)下降至孔正上方 2.0 mm 处(起刀点位于孔正上方 100 mm 处)；

(2) 钻削加工至孔底；

(3) 孔底停留 1000 ms；

(4) 快速返回至孔正上方 2.0 mm 处。编制的钻孔子程序如下：

代　　码	注　　释
O1002;	程序名：O1002
G00 Z2.0;	刀具以快移方式(G00)下降至孔正上方 2.0 mm 处
G01 Z-10.0 F60;	钻削加工至孔底
G04 P1000;	孔底停留 1000 ms
G00 Z2.0;	快速返回至孔正上方 2.0 mm 处
M99;	返回上一级程序

在进行圆周钻孔前，需建立局部坐标系将坐标系原点移动到圆周中心处，刀具起刀点位于孔上方 100 mm 处。然后，编制如下圆周钻孔子程序：

代　　码	注　　释
O1001;	程序名：O1001
G16;	极坐标编程生效
G01 X19.0 Y0 F100;	刀具到达第一个孔正上方，极坐标位置为(19.0, 0)
M98 P1002;	调用子程序钻孔 O1002
G01 Y60.0;	刀具到达第二个孔正上方，极坐标位置为(19.0, 60.0)
M98 P1002;	调用子程序钻孔 O1002
G01 Y120;	刀具到达第三个孔正上方，极坐标位置为(19.0, 120.0)
M98 P1002;	调用子程序钻孔 O1002
G01 Y180;	刀具到达第四个孔正上方，极坐标位置为(19.0, 180.0)
M98 P1002;	调用子程序钻孔 O1002

代　　码	注　　释
G01 Y240;	刀具到达第五个孔正上方，极坐标位置为(19.0,240.0)
M98 P1002;	调用子程序钻孔 O1002
G01 Y300;	刀具到达第六个孔正上方，极坐标位置为(19.0,300.0)
M98 P1002;	调用子程序钻孔 O1002
G15;	极坐标编程失效
M99;	返回上一级程序

主程序代码编写如下：

代　　码	注　　释
O0007;	程序名：O0007
G54 G17;	建立工件坐标系 G54，指定加工平面 G17
M03 S800;	主轴正转，速度 800 r/min
G90 G00 X0 Y0 Z100.0;	刀具快速到达 G54 坐标系下的(0, 0, 100)处
G52 X27.0 Y27.0 Z0;	在工件坐标系 G54 的基础上建立局部坐标系，局部坐标系的原点位于 G54 坐标系下的(27.0, 27.0, 0)处
M98 P1001;	调用圆周钻孔子程序 O1001
G52 X80.0 Y27.0 Z0;	在工件坐标系 G54 的基础上建立局部坐标系，局部坐标系的原点位于 G54 坐标系下的(80.0, 27.0, 0)处
M98 P1001;	调用圆周钻孔子程序 O1001
G52 X0 Y0 Z0;	取消局部坐标系设定，恢复至 G54 坐标系下
M05;	主轴停止
M30;	程序结束

4.5　镜像、旋转与缩放指令

4.5.1　镜像指令 G24、G25

　　零件关于某一坐标轴对称时，可以使用镜像功能和子程序功能。将零件的一部分加工过程编制为子程序，在镜像功能开启的条件下调用子程序便可实现对称加工。

　　指令格式：
　　　　G24 X_ Y_;
　　　　M98 P××××;
　　　　G25 X_ Y_;
　　说明：
　　X_ Y_——指定镜像轴的位置。

【例 4-6】　如图 4-18 所示零件，工件坐标系位于工件上表面，刀具直径为 ϕ10 mm，起刀点位于工件坐标系上方 100 mm，要求切削深度 5 mm。请使用镜像指令 G24、G25 编制零件的加工程序。

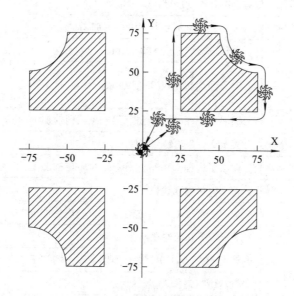

图 4-18　镜像指令应用实例

零件轮廓为对称结构，可以将第一象限部分的加工过程编写为子程序，然后使用镜像功能指令完成第二、三、四象限内零件轮廓的加工。

在第一象限零件轮廓的切削加工中，刀具起刀点设定在(0,0,100)处，刀位点的轨迹如图 4-18 所示。沿着刀具运动路线方向看，刀具位于工件左侧，应该执行刀具半径左补偿指令 G41。切削完成后，取消刀具半径补偿，刀具回到起刀点(0,0,100)处。

编写的子程序如下：

代　　码	注　　释
O1003;	程序名：O1003
G00 Z2.0;	刀具以快移方式到达坐标系 G54 原点上方 2.0 mm 处
G01 Z-5.0 F60;	刀具以线性插补方式到达切削深度 Z = −5.0 mm 处
G41 G01 X25.0 Y10.0 D01;	刀具以线性插补方式到达(25.0, 10.0, −5.0)处，并建立刀具半径左补偿
Y75.0;	
X50.0;	
G03 X75.0 Y50.0 R25.0 F60;	进行外轮廓切削
G01 Y25.0;	
X10.0;	
G40 G01 X0 Y0;	取消刀具半径补偿，刀具以线性插补方式回到工件坐标系原点
G00 Z100.0;	刀具以快移方式回到起刀点
M99;	子程序结束，返回主程序

编写的加工主程序如下：

代　码	注　释
O0008;	程序名：O0008
G54 G17;	建立工件坐标系 G54，指定加工平面 G17
M03 S800;	主轴正转，速度 800 r/min
G00 X0 Y0;	刀具到达起刀点(0, 0, 100)处
Z100.0;	
M98 P1003;	调用子程序 O1003 进行第一象限内的加工
G24 X0;	关于 X = 0 轴建立镜像
M98 P1003;	调用子程序 O1003 进行第二象限内的加工
G24 X0 Y0;	关于(0,0)建立镜像
M98 P1003;	调用子程序 O1003 进行第三象限内的加工
G25 X0;	关于 Y = 0 轴建立镜像
M98 P1003;	调用子程序 O1003 进行第四象限内的加工
G25;	取消所有镜像功能
M05;	主轴停止
M30;	程序结束

需要说明的是：

(1) 在使用指令 G24 时，需指定镜像所在的平面。无论采用绝对编程指令 G90 还是采用增量编程指令 G91，镜像轴的位置均为工件坐标系中的绝对位置。

(2) 指令 G24 为模态指令，在使用镜像功能结束后，应使用指令 G25 取消镜像功能。

(3) 指令 G24、G25 在程序中应单独成一段，指令 G25 后不带镜像轴位置则表示取消全部镜像。

4.5.2　缩放指令 G51、G50

当工件上具有相似的特征时，可以使用缩放功能和子程序功能。将工件的一部分加工过程编制为子程序，在缩放功能开启的条件下调用子程序实现对相似特征的加工。

> 指令格式：
> 　　G51 X_ Y_ P_;
> 　　M98 P××××;
> 　　G50;
> 说明：
> X 和 Y——指定缩放中心坐标点；
> P——指定缩放系数。

【**例 4-7**】如图 4-19 所示零件，工件坐标系位于工件上表面中心，刀具直径为 ϕ20 mm，起刀点位于工件坐标系原点处，要求编制程序使刀具沿工件上表面走出图中所示轮廓。

零件两个轮廓之间存在比例关系，外侧轮廓尺寸正好是内侧轮廓尺寸的 1.5 倍，可将内侧轮廓轨迹先编制为子程序，然后使用缩放功能指令将内轮廓放大 1.5 倍，进行外侧轮廓的走刀。

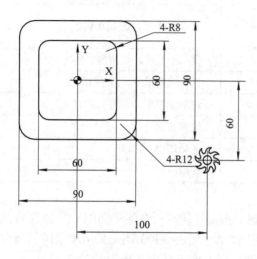

图 4-19　缩放指令应用实例

先编制内轮廓子程序，程序代码如下：

代　　码	注　　释
O1004;	程序名：O1004
G00 X100.0 Y-60.0;	刀具以快移方式(G00)至到达(100.0，−60.0，0)
G42 G00 X30.0 Y-40.0 D01;	刀具到达轮廓延长线上
Y22.0;	
G03 X22.0 Y30.0 R8.0;	
G01 X-22.0;	
G03 X-30.0 Y22.0 R8.0;	
G01 Y-22.0;	轮廓表面走刀
G03 X-22.0 Y-30.0 R8.0;	
G01 X22.0;	
G03 X30.0 Y-22.0 R8.0;	
G01 Y40.0;	
G40 G01 X100.0 Y-60.0;	刀具到达(100.0，−60.0，0)
X0 Y0;	返回坐标原点(0，0，0)
M99;	返回上一级程序

主程序指令如下：

代　码	注　释
O0009;	程序名：O0009
G54 G17;	建立工件坐标系 G54，指定加工平面 G17
M03 S800;	主轴正转，速度 800 r/min
G00 X0 Y0 Z100;	刀具到达起刀点(0, 0, 0)处
G01 Z0 F60;	
M98 P1004;	调用子程序，走内侧轮廓
G51 X0 Y0 P1.5;	执行缩放指令，放大 1.5 倍
M98 P1004;	调用子程序，走外侧轮廓
G50;	取消缩放功能
M05;	主轴停止
M30;	程序结束

需要说明的是：

(1) 使用指令 G51 时，需指定缩放所在的平面(XY 平面为 G17、XZ 平面为 G18 或 YZ 平面为 G19)。无论采用绝对编程指令 G90 还是采用增量编程指令 G91，缩放中心坐标点均为工件坐标系中的绝对位置，缩放系数 P 也为绝对值。

(2) 指令 G51 为模态指令，在程序中应单独一段。在缩放功能使用结束后，应使用指令 G50 取消缩放功能。

(3) 在有刀具补偿的程序中，先进行缩放，然后再进行刀具半径补偿和刀具长度补偿。比例缩放指令 G51 不会改变刀具半径补偿值和长度补偿值。

4.5.3　旋转指令 G68、G69

旋转指令 G68、G69 可将程序编制的加工路线绕旋转中心旋转一定角度，通常与子程序指令配合使用。例如，某一零件由许多相同的图形特征组成，可将单一图形单元的加工程序作为子程序，然后在主程序中使用旋转指令加以使用。

> 指令格式：
> 　　G68 X_ Y_ P_；
> 　　M98 P××××；
> 　　G69；
> 说明：
> X 和 Y——指定旋转中心坐标点；
> P——指定参考平面内第一轴正方向的旋转角度(单位为度)。

使用指令 G68 时，需指定旋转所在的平面(XY 平面为 G17、XZ 平面为 G18 或 YZ 平面为 G19)。指令中若不指定旋转中心坐标点，则表示以刀具当前点为旋转中心。旋转角度 P 的取值范围为 −360°~360°，逆时针旋转为正，顺时针旋转为负。

【**例 4-8**】 如图 4-20 所示零件，工件坐标系位于工件上表面，刀具起刀点位于工件坐标系上方 100 mm 处，要求切削深度为 5 mm。请使用旋转指令 G68、G69 编写零件的加工程序。

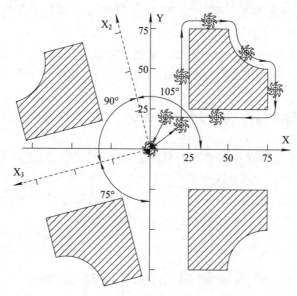

图 4-20 旋转指令应用实例

第二、三、四象限内的轮廓加工可以通过执行旋转指令和调用子程序来实现。根据图 4-20 中所标注的角度值计算第二、三、四象限内轮廓加工的旋转角度依次为 105°、195° 和 270°，编制的加工程序如下：

代　码	注　释
O0010;	程序名：O0010
G54 G17;	建立工件坐标系 G54，指定加工平面 G17
M03 S800;	主轴正转，速度 800 r/min
G00 X0 Y0;	刀具到达起刀点(0, 0, 100)处
Z100.0;	
M98 P1003;	调用子程序 O1003 进行第一象限内的加工
G68 X0 Y0 P105;	以(0, 0)为旋转中心，建立旋转功能，旋转角度为 105°
M98 P1003;	调用子程序 O1003 进行第二象限内的加工
G69;	取消旋转功能
G68 X0 Y0 P195;	以(0, 0)为旋转中心，建立旋转功能，旋转角度为 195°
M98 P1003;	调用子程序 O1003 进行第三象限内的加工
G69;	取消旋转功能
G68 X0 Y0 P270;	以(0, 0)为旋转中心，建立旋转功能，旋转角度为 270°
M98 P1003;	调用子程序 O1003 进行第四象限内的加工
G69;	取消旋转功能
M05;	主轴停止
M30;	程序结束

需要说明的是：

(1) 在加工程序中，无论采用绝对编程指令 G90 还是采用增量编程指令 G91，旋转中心坐标点均为工件坐标系中的绝对位置，旋转角度 P 始终是参考旋转平面内第一轴正方向的角度绝对值。

(2) 在执行旋转指令 G68 完成加工后，要使用指令 G69 取消变换。

(3) 在刀具半径补偿模式下执行指令 G68 和 G69，旋转平面要与刀具半径补偿平面一致。

(4) 在坐标系旋转之后再执行刀具半径补偿、刀具长度补偿、刀具偏置和其他补偿操作。

(5) 当需要同时采用旋转和缩放功能时，应当先编写旋转功能，再编写缩放功能，否则数控系统将会提示"变换嵌套次序错"。

(6) 在旋转指令 G68 开启时，不能执行与参考点相关的 G 代码，如 G28、G29、G30 等和用来改变坐标系的指令，如 G52、G54～G59、G92 等。

4.6　常用孔加工循环指令

4.6.1　孔加工循环指令基础

1. 孔加工循环的基本动作及相关指令

孔加工是数控加工中最常见的加工内容，在加工中心上可以完成钻孔、扩孔、铰孔、镗孔、锪孔和攻丝等工序。

在进行孔加工时，机床主轴的基本动作如图 4-21 所示，步骤如下：

(1) 使刀具在加工平面内快速定位，定位到钻孔位置的正上方。

(2) 刀具沿孔轴线快速定位到参考平面 R 处。

(3) 刀具以线性插补方式切削至孔底。

(4) 孔底动作(包括暂停、主轴准停、刀具移位等)。

(5) 刀具快速回退至参考平面 R 处，继续加工其他孔；或者跳过此步，执行(6)。

(6) 刀具快速回退至初始平面。

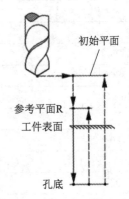

图 4-21　钻孔加工基本动作

在图 4-21 中，虚线箭头表示刀具以快移方式(G00)移动，实线箭头表示刀具以切削进给方式移动。

在华中数控加工中心系统中，上述一系列的孔加工动作被编制成固定循环代码存储于数控系统中。用户在编写数控加工程序时，仅需调用孔加工循环 G 代码便可完成孔加工。

常用的孔加工循环 G 代码如表 4-1 所示。

表 4-1 常用孔加工循环指令

G 代码	主要用途	G 代码	主要用途
G70	圆周上钻孔	G83	深孔加工
G71	圆弧上钻孔	G84	攻右旋螺纹
G73	高速深孔加工	G85	镗孔
G74	攻左旋螺纹	G86	镗孔
G76	精镗孔	G87	反镗孔
G80	取消钻孔循环	G88	镗孔
G81	钻浅孔	G89	镗孔
G82	钻浅孔		

2. 孔加工过程中所涉及的高度平面

在孔加工过程中，刀具运动涉及 Z 向坐标的两个位置，即初始平面和参考平面 R。初始平面是为安全下刀定义的平面，安全平面的高度应高过所有加工障碍物。参考平面 R 为切削进给运动的起点，参考平面以上，刀具以快移方式(G00)运动；参考平面以下，刀具以切削进给方式移动。

3. 孔加工循环指令的通用格式

孔加工循环指令的通用格式如下：

指令格式：

G90/G91 G98/G99 G_ X_Y_Z_R_Q_P_K_F_L_；

说明：

G98、G99——指定钻孔完成后刀具的回退目标点。G98 表示刀具回到初始平面，G99 表示刀具回到参考平面 R。

G_——指定固定循环代码，可为 G73、G74、G76、G81～G89 等。

X、Y——指定孔的位置。绝对编程(G90)时表示孔中心在 XY 平面内的绝对坐标，增量编程(G91)时该值为孔中心在 XY 平面内相对于刀具当前点的增量值。

Z——指定孔的深度。绝对编程(G90)时表示孔底的 Z 向坐标值，增量编程(G91)时为孔底 Z 点相对于参考平面 R 点的增量值。

R——指定参考平面的位置。绝对编程(G90)时该值为参考平面的 Z 向坐标值，增量编程(G91)时该值为参考平面 R 相对于起始平面的增量值。

Q——G73、G83 时指定每次的进给切削深度，G76、G87 时指定孔底让刀距离。

P——指定孔底延时(G76、G82、G89 时有效)，单位为 ms。

K——G73 时指定每次向上的回退值，G83 时指定再次切削进给起点到已加工孔底的距离。

F——指定切削进给速度。

L——指定重复次数(一般用于多孔加工的简化编程，L=1 时可以省略)。

并非所有孔加工循环指令都要用到上述通用格式中的全部代码。随着固定循环指令(G73、G74、G76、G81～G89 等)的变化，指令后的代码也会有所变化。孔加工循环指令均为模态代码，在程序中执行一遍后，在其后边的重复加工中不必再重新制订。当所有孔加工完成后，用户可使用指令 G80 取消孔加工固定循环。

4.6.2　中心孔加工循环指令 G81、G82

　　钻孔循环指令 G81 常用来加工比较浅的孔，如中心孔。当刀具切削到孔底时，刀具不在孔底停留，快速从孔底返回。

> 指令格式：
> 　　G98/G99 G81 X_Y_Z_R_F_L_;
> 说明：
> 　　X、Y——指定孔的位置。绝对编程(G90)时表示孔中心在 XY 平面内的绝对坐标，增量编程(G91)时该值为孔中心在 XY 平面内相对于刀具当前点的增量值。
> 　　Z——指定孔的深度。在绝对编程(G90)时表示孔底的 Z 向坐标值，在增量编程(G91)时为孔底 Z 点相对于参考平面 R 点的增量值。
> 　　R——指定参考平面的位置。绝对编程(G90)时该值为参考平面的 Z 向坐标值，增量编程(G91)时该值为参考平面 R 相对于起始平面的增量值。
> 　　F——指定切削进给速度。
> 　　L——指定重复次数(一般用于多孔加工的简化编程，L = 1 时可以省略)。

　　指令 G81 的执行过程如图 4-22 所示，执行步骤如下：

　　(1) 刀具以快移方式沿初始平面到达孔中心的正上方；

　　(2) 刀具以快移方式到达孔的参考平面 R 处；

　　(3) 刀具以切削进给方式(进给速度 F)向下钻孔，到达孔底；

　　(4) 主轴维持旋转状态，向上快速回退至初始平面(G98)或参考平面 R(G99)；

　　指令 G82 为带停顿的钻孔循环，主要用于加工沉孔和盲孔。指令 G82 除了在孔底有暂停动作之外，其他动作与指令 G81 相同。

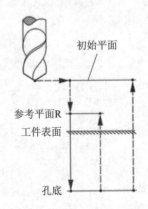

图 4-22　G81 指令钻孔动作

> 指令格式：
> 　　G98/G99 G82 X_Y_Z_R_P_F_L_;
> 说明：
> 　　P——指定孔底暂停时间，单位为 ms。
> 　　其他参数含义与指令 G81 相同。

【例 4-9】 如图 4-15 所示零件，工件坐标系位于工件上表面，要求钻孔深度 10 mm，请使用钻孔循环指令 G81 或 G82 编写零件的加工程序。

编制的代码如下：

代 码	注 释
O0011;	程序名：O0011
G54 G17;	建立工件坐标系 G54，指定加工平面 G17
M03 S800;	主轴正转，速度 800 r/min
G90 G00 X0 Y0;	刀具快速到达 G54 坐标系下的(0, 0, 100)处，建立刀
G44 Z100.0 H01;	具长度补偿
G91 G98 G81 X35.0 Y70.0 R-98.0 Z-12.0 F60;	钻削加工第一个孔
G98 G81 X50.0 Y-10.0 R-98.0 Z-12.0 F60;	钻削加工第二个孔
G98 G81 X-15.0 Y-30.0 R-98.0 Z-12.0 F60;	钻削加工第三个孔
G80 G90 G00 X0 Y0;	取消钻孔循环功能，回到坐标系原点
G49 G00 Z100.0;	回到起刀点，取消刀具长度补偿功能
M05;	主轴停止
M30;	程序结束

需要说明的是：

(1) 在钻孔时，如果 Z 向的移动位置为 0，则该指令不执行；

(2) 指令 G81、G82 为模态指令，指令参数作为模态数据存储，连续钻孔时相同的参数可省略；

(3) 在钻孔前主轴应保持旋转状态；

(4) 指令 G81 钻孔循环也可以在 XZ 平面(G18)和 YZ 平面(G19)内执行。在 XZ 平面内执行时，指令 G81 后的 X、Z 值表示孔中心位置，Y 值表示孔的深度。在 YZ 平面内执行时，指令 G81 后的 Y、Z 值表示孔中心位置，X 值表示孔的深度。

4.6.3 深孔加工循环指令 G73、G83

指令 G73 为高速深孔加工循环指令。如图 4-23 所示，指令 G73 为 Z 向循环间歇进给，在加工深孔过程中，刀具每向下钻一次孔，刀具快速回退一定距离，以便断屑、排屑和加入冷却液，且退刀量不大，所以指令 G73 主要用于深孔的高速加工。

指令格式：
　　　G98/G99 G73 X_Y_Z_R_Q_P_K_F_L_；
说明：
Q——指定每次向下的钻孔深度(为增量值，取负)。
K——指定每次向上的退刀量(为增量值，取正)。
其他参数含义与 G81、G82 指令相同。

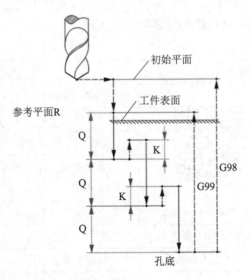

图 4-23　指令 G73 钻孔动作

指令 G83 为深孔加工循环指令，如图 4-24 所示，指令 G83 为 Z 向循环间歇进给，在加工深孔过程中，刀具每向下钻一次孔，刀具快速回退至参考平面 R。退刀量较大，更利于排屑和加入冷却液，可以用于深孔加工。

指令格式：
　　G98/G99 G83 X_Y_Z_R_Q_P_K_F_L_；
说明：
K——指定再次切削进给起点到已加工孔底的距离(为增量值，取正)。
其他参数含义与指令 G73 相同。

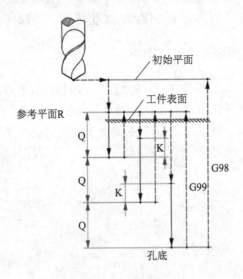

图 4-24　G83 指令钻孔动作

【**例 4-10**】　如图 4-15 所示零件，工件坐标系位于工件上表面，要求钻孔深度 30 mm，请使用钻孔循环指令 G73 或 G83 编写零件的加工程序。

编制的代码如下：

代　　码	注　　释
O0012;	程序名：O0012
G54 G17;	建立工件坐标系 G54，指定加工平面 G17
M03 S800;	主轴正转，速度 800 r/min
G90 G00 X0 Y0;	刀具快速到达 G54 坐标系下的(0, 0, 100)
G44 Z100.0 H01;	处，建立刀具长度补偿
G91 G99 G83 X35.0 Y70.0 R-98.0 Z-12.0 Q10.0 P500 K4.0 F60;	钻削加工第一个孔
G99 G83 X50.0 Y-10.0 R0 Z-12.0 Q10.0 P500 K4.0 F60;	钻削加工第二个孔
G99 G83 X-15.0 Y-30.0 R0 Z-12.0 Q10.0 P500 K4.0 F60;	钻削加工第三个孔
G80 G90 G00 X0 Y0;	取消钻孔循环功能，回到坐标系原点
G49 G00 Z100.0;	回到起刀点，取消刀具长度补偿功能
M05;	主轴停止
M30;	程序结束

需要说明的是：

(1) 指令 G73、G83 钻孔时，如果 Z、K、Q 的移动量为 0，则该指令不执行；

(2) 指令 G73、G83 为模态指令，指令参数作为模态数据存储，连续钻孔时相同的参数可省略；

(3) 在钻孔前主轴应保持旋转状态；

(4) Q 的绝对值要大于 K 的绝对值。

4.6.4　圆周/圆弧钻孔循环指令 G70、G71

指令 G70 为圆周钻孔循环指令，以 X、Y 指定的坐标为圆心，以 I 为半径画圆，以 X 轴和角度 J 形成的点开始将圆周分为 N 等份，在各个等分点依次完成钻孔动作循环。钻孔动作根据 Q、K 的值执行指令 G81 或 G83 标准固定循环，孔间位置移动以快移方式进行。

指令格式：

G98/G99 G70 X_ Y_ Z_ R I J N 【Q K P】F L ;

说明：

X 和 Y——指定孔系所在圆周的圆心坐标。

I——指定圆周的半径值。

J——指定最初钻孔点与 X 轴的角度值(逆时针方向为正)。

N——指定孔的个数，正值表示逆时针方向钻孔，负值表示顺时针方向钻孔。

其他参数含义与指令 G81 和 G83 相同。

指令 G71 为圆弧钻孔循环指令。以 X、Y 指定的坐标为圆心，以 I 为半径做圆弧，以 X 轴和角度 J 形成的点开始，间隔 O 角度做 N 个点的钻孔，在各个点依次完成钻孔动作循环。钻孔动作根据 Q、K 的值执行指令 G81 或 G83 标准固定循环，孔间位置移动以快速移动方式(G00)进行。

指令格式：
    G98/G99 G71 X_Y_Z_ R_I_J_O_N_【Q_K_P_】F_L_;
说明：
X 和 Y——指定钻孔圆弧的圆心坐标。
I——指定圆弧的半径值。
J——指定最初钻孔点与 X 轴的角度值(逆时针方向为正)。
O——指定孔间的角度间隔，正值表示逆时针方向钻孔，负值表示顺时针方向钻孔。
N——指定孔的个数。
其他参数含义与 G81、G83 指令相同。

【例 4-11】 如图 4-7 所示零件，工件坐标系位于工件上表面，要求钻孔深度 30 mm，请使用圆周钻孔循环指令 G70 编写工件的加工程序。

编制的代码如下：

代　码	注　释
O0013;	程序名：O0013
G54 G17;	建立工件坐标系 G54，指定加工平面 G17
M03 S600;	主轴正转，速度为 600 r/min
G90 G00 X0 Y0;	刀具快速到达 G54 坐标系下的(0, 0, 100.0)处
Z100.0;	
G99 G70 X27.0 Y27.0 Z-30.0 R2.0 I19.0 J0 N6 Q10.0 P500 K4.0 F60;	完成第一组圆周孔系的加工
G98 G70 X80.0 Y27.0 Z-30.0 R2.0 I19.0 J0 N6 Q10.0 P500 K4.0;	完成第二组圆周孔系的加工
G80 G00 X0 Y0;	取消钻孔循环，回原点
M05;	主轴停止
M30;	程序结束

需要说明的是：

(1) 在用指令 G70、G71 钻孔时，如果 Q、K 的值不指定，则 P 为无效值，指令 G70、G71 在圆周各点处执行 G81 钻孔循环。当指定 Q、K 的值时，P 为有效值，该指令在圆周各点处执行 G83 钻孔循环；

(2) 指令 G70、G71 为模态指令，其后的指令字为非模态；

(3) 使用指令 G71 进行圆弧上钻孔时，圆弧总角度 N×O 不能大于或等于 360°。

4.6.5　攻丝循环指令 G84、G74

指令 G84 为正向攻丝循环指令，主轴正转攻丝到孔底后暂停一段时间，再反转回退，如图 4-25 所示。

指令格式：

G98/G99 G84 X_Y_Z_R_Q_P_F_L_E_J_;

说明：

Q——指定分段攻丝每次的进刀量。

F——指定螺纹导程。

E——指定回退方式，E1 表示啄式攻丝，每次回退 K；E2 表示每次回退到 R 平面；E3 表示直接钻到孔底。

J——指定攻丝轴，J1、J2 和 J3 分别表示 A、B、C 轴攻丝。

其他参数含义与 G81、G83 指令相同。

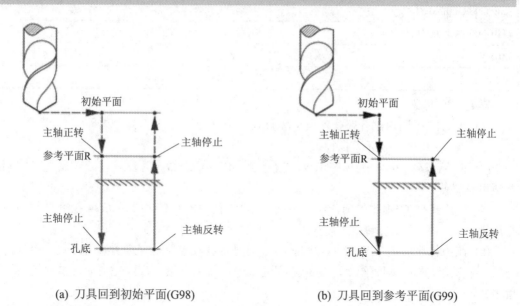

(a) 刀具回到初始平面(G98)　　　　　(b) 刀具回到参考平面(G99)

图 4-25　指令 G84 攻丝动作

指令 G74 为反向攻丝循环指令，主轴反转攻丝到孔底后暂停一段时间，再正转回退。

指令格式：

G98/G99 G74 X_Y_Z_R_Q_P_F_L_E_J_;

说明：

参数含义与指令 G84 相同。

【例 4-12】　如图 4-15 所示零件，工件坐标系位于工件上表面，孔深度 30 mm(已钻削加工完毕)，请使用正向攻丝循环指令 G84 加工螺纹。

编制的代码如下：

代　码	注　释
O0014;	程序名：O0014
G54 G17;	建立工件坐标系 G54，指定加工平面 G17
M03 S800;	主轴正转，速度 800 r/min
G90 G00 X0 Y0;	刀具快速到达 G54 坐标系下的(0, 0, 100)处,建立刀
G44 Z100.0 H01;	具长度补偿
G91 G99 G84 X35.0 Y70.0 R-98.0 Z-12.0 Q10.0 P500 F1.5 E1;	攻丝加工第一个孔
G99 G84 X50.0 Y-10.0 R0 Z-12.0 Q10.0 P500 F1.5 E1;	攻丝加工加工第二个孔
G99 G84 X-15.0 Y-30.0 R0 Z-12.0 Q10.0 P500 F1.5 E1;	攻丝加工加工第三个孔
G80 G90 G00 X0 Y0;	取消攻丝循环功能，回到坐标系原点
G49 G00 Z100.0;	回到起刀点，取消刀具长度补偿功能
M05;	主轴停止
M30;	程序结束

需要说明的是：

(1) 在 G17 平面内钻孔时，Z 点坐标必须低于 R 平面，否则程序报警；

(2) 当 Z = 0 时，循环不执行；

(3) 指令 G74、G84 为模态指令，指令参数作为模态数据存储，在连续钻孔时相同的参数可省略；

(4) 使用指令 G84 攻丝前，需使用指令 M03 使主轴正转。使用 G74 指令攻丝前，需使用指令 M04 使主轴反转；

(5) 在执行攻丝指令 G84、G74 前，主轴伺服电机的控制方式由速度方式切换为位置方式，主轴沿攻丝方向进给一个螺距，则伺服电机转动一圈。攻丝完成后，重新切换至速度方式。

(6) 在攻丝过程中，进给倍率修调、主轴转速倍率修调和进给保持等操作无效。

(7) 在刚性攻丝时，程序中指定的进给速度 F 无效，沿攻丝轴的进给速度等于主轴转速与螺纹导程的乘积；

(8) 进行刚性攻丝后，必须由编程者恢复原进给速度，否则进给速度会成为刚性攻丝速度，即主轴转速与螺纹导程的乘积；

(9) 在刚性攻丝过程中，不支持旋转或者缩放指令。

(10) 在高速高精度攻丝时，可将伺服电机的控制轴当作 C 轴，采用插补方式攻丝。

4.6.6　镗孔循环指令 G85～G89

镗孔循环指令包括普通镗孔循环指令(G85 和 G86)、反镗孔循环指令(G87)、手动辅助镗孔循环指令(G88)等。

1. 普通镗孔循环指令(G85 和 G86)

指令 G85 与指令 G84 的执行动作相同，但指令 G85 在孔底时主轴不反转，如图 4-26 所示。指令 G86 与指令 G81 的执行动作相同，但指令 G86 在孔底主轴停止，然后快速退回。指令 G85 与 G86 主要用于精度要求不高的镗孔加工过程。

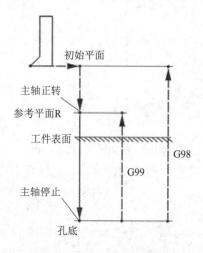

图 4-26　指令 G85 镗孔动作

指令格式：

    G98/G99 G85/G86 X_Y_Z_R_F_L_ ;

说明：

参数含义与指令 G81 相同。

2. 反镗孔循环指令(G87)

指令 G87 为反镗孔循环指令，一般用于镗削上小下大的孔，其孔底 Z 点一般在参照点 R 的上方，与其他钻孔指令不同。

G87 指令的执行过程如图 4-27 所示，步骤如下：

(1) 刀位点以快移方式沿初始平面到达孔中心的正上方；

(2) 主轴定向，停止旋转，镗刀向刀尖反方向快速移动 I 或 J 量；

(3) 以快移方式到达孔的参考平面 R 处；

(4) 镗刀向刀尖正方向快速移动 I 或 J 量；

(5) 主轴正转，镗刀以进给速度 F 向上镗孔，到达孔底 Z 点；

(6) 在孔底延时 P ms(主轴维持旋转状态)；

(7) 主轴定向，停止旋转，镗刀向刀尖反方向快速移动 I 或 J 量；

(8) 向上快退至初始平面 G98；

(9) 镗刀向刀尖正方向快速移动 I 或 J 量，回到孔中心正上方，主轴恢复正转。

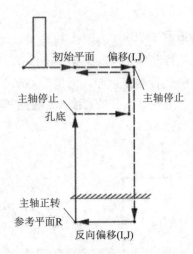

图 4-27　G87 指令反镗孔动作

指令格式：

G98 G87 X_Y_Z_R_I_J_P_F_L_；

说明：

I——X 轴方向的偏移向量分量。

J——Y 轴方向的偏移向量分量。

其他参数含义与指令 G82 相同。

需要说明的是：

(1) 当 Z 的移动量为零时，该指令不执行；

(2) Z 点必须高于参考平面 R，否则程序报警；

(3) 指令 G87 为模态指令，指令数据作为模态数据存储，相同的数据可以省略；

(4) 指令 G87 只能使用 G98；

(5) 在使用指令 G87 前，应使用 M 代码使主轴保持旋转。

3. 手动辅助镗孔循环指令(G88)

指令 G88 为手动辅助镗孔指令，该指令在镗孔前记忆了初始平面位置和参考平面位置，当镗刀加工到孔底时机床停止运行。此时，将机床工作方式设置为"手动"模式，手动操作刀具抬刀至初始平面或参考平面，从而避开工件。然后将工作方式再恢复至"自动"模式，再启动循环加工，刀具回到初始平面或参考平面。指令 G88 用于没有准停功能的数控机床，完成精镗孔加工。

指令 G88 的执行过程如图 4-28 所示，步骤如下：

(1) 刀位点以快移方式沿初始平面到达孔中心的正上方。

(2) 以快移方式到达孔的参考平面 R 处。

(3) 镗刀以进给速度 F 向下镗孔，到达孔底 Z 点。

(4) 孔底延时 P ms(主轴维持旋转状态)。

(5) 主轴停止旋转，程序暂停。

(6) 手动移动刀具避开工件，直至高于初始平面 G98 或参考平面 G99。

(7) 在"自动"方式下按下"循环启动"键，刀具快速回到初始平面 G98 或参考平面 G99。

(8) 主轴恢复正转。

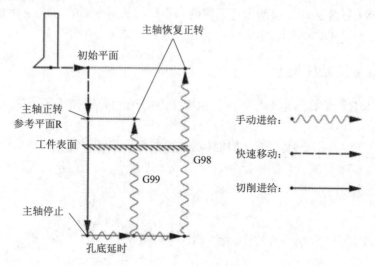

图 4-28　指令 G88 反镗孔动作

指令格式：

　　G98/G99 G88 X_Y_Z_R_P_F_L_;

说明：

参数含义与指令 G86 相同。

使用指令 G88 镗孔时，需要注意以下几点：

(1) 当 Z 的移动量为零时，该指令不执行。

(2) Z 点必须低于参考平面 R，否则程序报警。

(3) 指令 G88 为模态指令，指令数据作为模态数据存储，相同的数据可以省略。

(4) 如果程序中使用指令 G98，手动移动刀具必须高于初始平面。如果程序中使用指令 G99，手动移动刀具必须高于参考平面 R。

(5) 使用指令 G88 前，应使用 M 代码使主轴保持旋转。

　　指令 G89 与指令 G86 的动作几乎相同，不同的是指令 G89 循环在孔底执行暂停动作。使用指令 G89 之前需要使用 M 代码使主轴旋转。当指令 G98 和 M 代码位于同一程序段时，在第一个定位动作的同时执行 M 代码，然后处理下一个镗孔动作。当指定重复次数 L 时，只在镗第一个孔时执行 M 代码，后续镗孔不再执行 M 代码。

指令格式：

　　G98/G99 G89 X_Y_Z_R_P_F_L_;

说明：

参数含义与指令 G86 相同。

需要说明的是：

(1) 当 Z 的移动量为零时，指令 G89 不执行。

(2) Z 点必须低于参考平面 R，否则程序报警。

(3) 指令 G89 为模态指令，指令数据作为模态数据存储，相同的数据可以省略。

(4) 指令 G89 与指令 G86 的动作几乎相同，不同的是指令 G89 在孔底执行暂停。

(5) 使用指令 G89 前，应使用 M 代码使主轴保持旋转。

4.6.7　其他孔加工循环指令

指令 G80 为取消钻孔固定循环指令，执行指令 G80 后，钻孔循环和钻孔参数同时被取消。

除上述孔加工循环指令外，华中 818M 数控系统还提供了精镗孔循环指令 G76、角度直线孔循环指令 G78 和棋盘孔循环指令 G79 等孔加工指令。此处由于篇幅限制，不再赘述。用户在使用这些指令时，可以参考华中 818M 数控系统用户说明书手册。

4.7　宏指令编程

用户宏程序提供了一种类似于高级语言的编程方法，用户可以将某些相同或相似的加工操作编制成通用程序，用一个总指令来表示。在使用时，只需给出这个总指令便可以执行该指令所包含的功能。数控加工中，称这样的总指令为用户宏功能指令，用户宏功能指令所包含的一系列指令代码称为用户宏功能主体。

在用户宏功能主体中可以使用变量、运算和条件转移指令。在编程时，不必去记忆用户宏功能主体所包含的具体指令代码，只要记住宏功能指令即可。在编制复杂的零件加工程序时，用户宏功能指令能够减少编程过程中烦琐的数值计算，起到精简程序的作用。

4.7.1　宏变量

在华中数控系统中，变量用"#"和紧跟其后的序号来表示，如#6、#120、#156 等。

编写数控加工程序时，程序中的数值可以用变量代替。例如，若#51=100，则 F[#51] 在程序中的作用等价于 F100，Z[-#51]在程序中的作用等价于 Z-100；若#51=3，则 G[#51] 在程序中的作用等价于 G03。

华中数控系统中的变量分为公共变量和系统变量两大类。

公共变量又可以分为全局变量和局部变量。全局变量在主程序和主程序调用的用户宏程序内均有效，即在某一宏程序中使用的变量#i 与在其他宏程序中使用的变量#i 是同一变量。而局部变量仅在当前宏程序中有效，即在某一宏程序中使用的变量#i 与在其他宏程序中使用的变量#i 值不同。

华中数控系统提供#0～#49 作为局部变量，#50～#199 作为全局变量，它们的访问属性为可读可写。此外，系统还提供了 6 层嵌套，相应的每层局部变量如下，这些局部变量的访问属性为可读：

#200～#249　　0 层局部变量

#250～#299　　1 层局部变量

#300～#349　　2 层局部变量

#350～#399　　3 层局部变量

#400～#449　　4 层局部变量

#450～#499　　5 层局部变量

系统变量是在系统中被用于固定用途的变量，包括刀具偏置变量、位置信号变量、输入/输出接口信号变量等。系统变量的值取决于系统状态，属性有只读和可读写两种。

4.7.2　常量、运算符与表达式

1. 常量

华中数控系统内部还定义了一些值不变的常量供用户使用。例如，圆周率 π 用 PI 表示，条件判断真假用 TRUE 或 FALSE 表示。常量的属性为只读，需要注意的是，常量 PI 在使用时有计算误差，在条件结束时需做处理，否则会出现异常。

2. 运算符与表达式

在华中数控系统中，支持的运算方式有算术运算、条件运算、逻辑运算和函数运算。算术运算符为 "+" "−" "*" "/"，条件运算符有 "EQ" "GT" "GE" "LT" "LE"，逻辑运算符有 "&" "|" "～"，运算符的含义如表 4-2 所示。灵活使用运算符、函数等操作，能够很方便地实现各种复杂的编程需求。

表 4-2　常用运算符、表达式及其含义

运算种类	运算指令	含义	运算种类	运算指令	含义
算术运算	#i=#i+#j	加法运算	函数	#i=ACOS[#j]	反余弦
	#i=#i-#j	减法运算		#i=TAN[#j]	正切(单位：弧度)
	#i=#i*#j	乘法运算		#i=ATAN[#j]	反正切
	#i=#i/#j	除法运算		#i=ABS[#j]	绝对值
条件运算	#i EQ #j	等于判断		#i=INT[#j]	向下取整
	#i NE #j	不等于判断		#i=SIGN[#j]	取符号
	#i GT #j	大于判断		#i=SQRT[#j]	开方
	#i GE #j	大于等于判断		#i=POW[#j]	平方
	#i LT #j	小于判断		#i=LOG[#j]	对数
	#i LE #j	小于等于判断		#i=PTM[#j]	脉冲转位移
逻辑运算	#i=#i & #j	逻辑与运算		#i=PTD[#j]	脉冲转角度
	#i=#i | #j	逻辑或运算		#i=RECIP[#j]	倒数
	#i=～#i	逻辑非运算		#i=EXP[#j]	指数
函数	#i=SIN[#j]	正弦(单位：弧度)		#i=ROUND[#j]	四舍五入
	#i=ASIN[#j]	反正弦		#i=FIX[#j]	向下取整
	#i=COS[#j]	余弦(单位：弧度)		#i=FUP[#j]	向上取整

在程序中凡是出现了 "+" "−" "*" "/" "[" "]" "SIN" 等符号的计算式，均称为表达式。例如，SIN[#51+#52]*COS[[#51+#52]/2]。

需要注意的是，"[]"的优先级高于"+""−""*""/"。在数控系统中，为了保证计算的正确性，建议使用"[]"将表达式包含在内，如[-#51]，不推荐 −[#51] 这种写法。

4.7.3 宏语句

华中数控系统中的宏语句包括赋值语句、条件判断语句、循环语句和跳转语句。

把常数或表达式的值传递给一个宏变量的过程称为赋值，这条语句称为赋值语句。例如，#53=SQRT[2]*SIN[#51]*COS[#52*PI/180]。

华中数控系统支持的条件判断语句有如下两种形式：

类型 1 指令格式：
IF[条件表达式]
...
ENDIF

类型 2 指令格式：
IF[条件表达式]
...
ELSE
...
ENDIF

IF 条件判断语句中的表达式可以使用简单条件表达式，也可以使用复合条件表达式。例如：

IF[#51 EQ #52] AND [#53 GT #52]
    ...
ENDIF

华中数控系统支持的循环语句格式如下：

指令格式：
WHILE[条件表达式]
... ...
ENDW

对于 IF 语句和 WHILE 语句而言，华中数控系统允许嵌套，但嵌套层数不得超过 6 层。IF 语句和 WHILE 语句可以混合使用，但必须满足 IF-ENDIF 与 WHILE-ENDW 的匹配关系。例如：

格式 1	格式 2	错误写法
IF[条件表达式 1]	WHILE[条件表达式 1]	IF[条件表达式 1]
...	...	...
WHILE[条件表达式 2]	IF[条件表达式 2]	WHILE[条件表达式 2]
...	...	...
ENDW	ENDIF	ENDIF
...	...	...
ENDIF	ENDW	ENDW

华中数控系统支持的 GOTO 跳转语句,例如,系统执行 GOTO 100 程序段时,程序将跳转至 N100 程序段(该程序段头必须写 N100)。

4.7.4 宏程序应用举例

【例 4-13】 如图 4-29 所示椭圆轮廓,工件坐标系位于工件上表面,要求切削深度为 5 mm,使用 ϕ10 mm 的立铣刀完成该外轮廓的精加工。请在华中数控系统中使用宏指令编写该轮廓的数控加工程序。

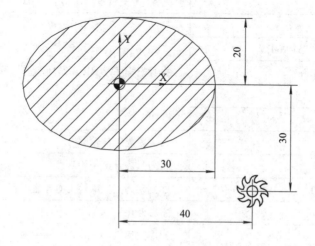

图 4-29　宏程序应用实例

椭圆轮廓方程如下:

$$\frac{x^2}{30^2} + \frac{y^2}{20^2} = 1$$

定义变量#51、#52 分别存储 x 和 y,先加工上半部分,然后加工下半部分。

编写的加工程序如下:

代　　　码	注　　　释
O0015;	程序名:O0015
G54 G17;	建立工件坐标系 G54,指定加工平面 G17
M03 S800;	主轴正转,速度 800 r/min
G90 G00 X40.0 Y-30.0; Z2.0;	刀具快速到达 G54 坐标系下的(40.0, -30.0, 2.0)处
G01 Z-5.0 F100;	刀具到达切削深度
G42 G01 X30.0 Y-20.0 F100 D01;	刀具到达(30.0, -20.0, -5.0)处,建立刀具半径补偿
#51=30.0;	定义 51 号变量,存储 X 值,赋初值 30.0

代　码	注　释
WHILE #51 GE -30.0;	
#52=20*SQRT[1-#51*#51/900];	
G01 X[#51] Y[#52] F100;	执行宏程序 WHILE 循环，进行上半部分轮廓的加工
#51=#51-0.5;	
ENDW;	
#51=-30.0;	将 51 号变量重新赋初值 -30.0
WHILE #51 LE 30.0;	
#52=-20*SQRT[1-#51*#51/900];	
G01 X[#51] Y[#52] F100;	执行宏程序 WHILE 循环，进行下半部分轮廓的加工
#51=#51+0.5;	
ENDW;	
G01 X30.0 Y10.0;	刀具脱离工件轮廓
Z100.0;	将刀具提升至初始高度
G40 G00 X40.0 Y-30.0;	回到起刀点，取消刀具半径补偿
M05;	主轴停止
M30;	程序结束

【例 4-14】 如图 4-30 所示抛物线轮廓，轮廓方程为 $Y = X^2/8$，$X \in [-16,16]$，工件坐标系位于上表面，要求切削深度为 5 mm。请使用 ϕ10 mm 的立铣刀完成该外轮廓的精加工。

定义变量#51、#52 分别存储 x 和 y。刀具从起刀点到(16.0, 40.0)处，在此过程中建立刀具半径左补偿。绕轮廓一周后到达(-16.0, 40.0)，然后取消半径补偿并回到起刀点。

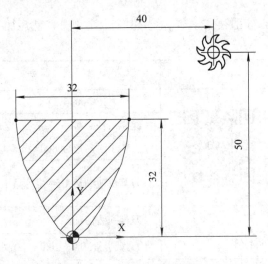

图 4-30　宏程序应用实例

编写的加工程序如下：

代　码	注　释
O0016;	程序名：O0016
G54 G17;	建立工件坐标系 G54，指定加工平面 G17
M03 S800;	主轴正转，速度 800 r/min
G90 G00 X40.0 Y50.0;	刀具快速到达 G54 坐标系下的(40.0, 50.0, 2.0)处
Z2.0;	
G01 Z-5.0 F100;	刀具到达切削深度
G41 G01 X16.0 Y40.0 F100 D01;	刀具到达(16.0, 40.0, -5.0)处，建立刀具半径补偿
#51=16.0;	定义 51 号变量，存储 X 值，赋初值 16.0
WHILE #51 GE -16.0;	
#52=#51*#51/8;	
G01 X[#51] Y[#52] F100;	执行宏程序 WHILE 循环，进行轮廓的加工
#51=#51-0.5;	
ENDW;	
G01 X-16.0 Y40.0;	刀具脱离工件轮廓
Z100.0;	将刀具提升至初始高度
G40 G00 X40.0 Y50.0;	回到起刀点，取消刀具半径补偿
M05;	主轴停止
M30;	程序结束

【例 4-15】 使用宏程序完成图 4-31 所示零件内孔的粗精加工，使用的刀具为φ16 mm 的立铣刀，主轴转速 800 r/min，加工面粗糙度 Ra3.2。

毛坯尺寸为φ80 mm × 40 mm，在铣床上使用三爪卡盘夹持，毛坯上表面距离三爪卡盘卡爪表面距离 20 mm。工件坐标系设置在毛坯上表面圆心处，采用φ16 mm 的立铣刀加工，螺旋方式下刀。

由于内孔直径φ35mm 大于 2 倍的刀具直径，所以直接采用立铣刀铣削φ35 mm 内孔轮廓，在工件中心处会留下φ3.0 mm 的小圆柱(如图 4-32 所示)。为了清理掉小圆柱，内孔可分两次进行加工。先使用立铣刀螺旋下刀加工φ31 mm 的内孔轮廓，进给速度 80 mm/min，加工完毕后，再加工φ35 mm 内孔轮廓，进给速度 60 mm/min。

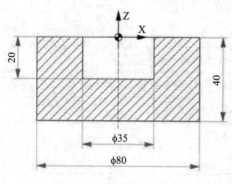

图 4-31　宏程序应用实例

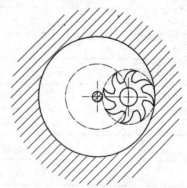

图 4-32　立铣刀直接铣削φ35 mm 内孔轮廓

编写的加工程序如下：

代　　码	注　　释
O0017;	程序名：O0017
G54 G17;	建立工件坐标系 G54，指定加工平面 G17
M03 S800;	主轴正转，速度 800 r/min
G90 G00 X0.0 Y0.0; Z60.0;	刀具快速到达 G54 坐标系下的(0, 0, 60.0)处
Z2.0;	刀具下降至 Z2.0 处
G41 G01 X0.0 Y15.5 F80 D01;	刀具到达(0, 15.5, 2.0)处，建立刀具半径补偿
G03 X0.0 Y15.5 I0 J-15.5 F80;	空走ϕ31 mm 的圆，使刀具半径补偿完全建立
#51=1.0;	定义 51 号变量，存储下刀圈数，赋初值 1.0
WHILE #51 LE 22.0;	执行宏程序 WHILE 循环，螺旋下刀，进行ϕ31 mm 轮廓的加工
G03 X0.0 Y15.5 Z[2.0-#51] I0 J-15.5 K0 F80;	
#51=#51+1.0;	
ENDW;	
G03 X0.0 Y15.5 I0 J-15.5 F80;	最后一次铣削ϕ31 mm 孔表面
G40 G01 X0.0 Y0.0;	回到(0, 0, −20.0)处，取消刀具半径补偿
G00 Z2.0;	回到起刀点(0, 0, 2.0)处
M03 S1200;	主轴提速，转速 1200 r/min
G41 G01 X0.0 Y17.5 F60 D01;	刀具到达(0, 17.5, 2.0)处，建立刀具半径补偿
G03 X0.0 Y17.5 I0 J-17.5 F60;	空走ϕ35 mm 的圆，使刀具半径补偿完全建立
#51=1.0;	51 号变量赋初值 1.0
WHILE #51 LE 22.0;	执行宏程序 WHILE 循环，螺旋下刀，进行ϕ35 mm 轮廓的加工
G03 X0.0 Y17.5 Z[2.0-#51] I0 J-17.5 K0 F60;	
#51=#51+1.0;	
ENDW;	
G03 X0.0 Y17.5 I0 J-17.5 F60;	最后一次铣削ϕ35 mm 孔表面
G40 G01 X0.0 Y0.0;	回到(0, 0, −20.0)处，取消刀具半径补偿，加工完毕
G00 Z60.0;	回到起刀点(0, 0, 60.0)处
M05;	主轴停止
M30;	程序结束

　　上述程序也可以设计成嵌套模式,定义两个变量 #51 和#52。#51 用来存储螺旋下刀圈数,赋初值 1.0,#52 用来存储轮廓加工次数,赋初值 1.0。编写的加工程序如下:

代　　码	注　　释
O0018;	程序名:O0018
G54 G17;	建立工件坐标系 G54,指定加工平面 G17
M03 S800;	主轴正转,速度 800 r/min
G90 G00 X0.0 Y0.0;	刀具快速到达 G54 坐标系下的(0, 0, 60.0)处
Z60.0;	
Z2.0;	刀具下降至 Z2.0 处
#52=1.0;	定义 52 号变量,存储轮廓加工次数,赋初值 1.0
WHILE #52 LE 2.0;	外循环开始
G41 G01 X0.0 Y[15.5+2.0*[#52-1.0]] F[80-20*[#52-1.0]] D01;	建立刀具半径补偿,第一次刀具到达(0, 15.5, 2.0)处,第二次到达(0, 17.5, 2.0)
G03 X0.0 Y[15.5+2.0*[#52-1.0]] I0 J[-[15.5+2.0*[#52-1.0]]] F[80-20*[#52-1.0]];	设置空走圆,使刀具半径补偿完全建立(第一次 φ31 mm,第二次 φ35 mm)
#51=1.0;	定义 51 号变量,存储下刀圈数,赋初值 1.0
WHILE #51 LE 22.0;	执行宏程序 WHILE 循环,螺旋下刀,进行轮廓的加工(第一次循环加工 φ31 mm 内孔,第二次循环加工 φ35 mm 内轮廓)
G03 X0.0 Y[15.5+2.0*[#52-1.0]] Z[2.0-#51] I0 J[-[15.5+2.0*[#52-1.0]]] K0 F[80-20*[#52-1.0]];	
#51=#51+1.0;	
ENDW;	
G03 X0.0 Y[15.5+2.0*[#52-1.0]] I0 J[-[15.5+2.0*[#52-1.0]]] F[80-20*[#52-1.0]];	最后一次铣削孔表面
G40 G01 X0.0 Y0.0;	回到(0, 0, -20.0)处,取消刀具半径补偿
G00 Z2.0;	回到起刀点(0, 0, 2.0)处
#52=#52+1.0;	52 号变量加 1
ENDW	外循环结束
G00 Z60.0;	回到起刀点(0, 0, 60.0)处
M05;	主轴停止
M30;	程序结束

4.8 典型零件数控铣削加工编程

4.8.1 数控铣削加工综合案例 1

【例 4-16】 如图 4-33 所示零件，材质 45 钢，毛坯尺寸 ϕ96 mm × 38 mm，工件坐标系位于工件上表面，请使用 ϕ10 mm 的立铣刀完成该零件轮廓的加工。

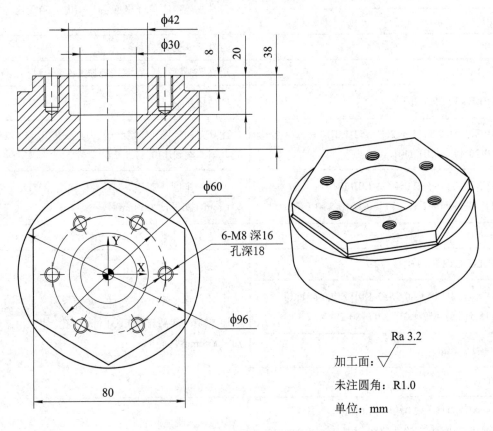

图 4-33 铣削加工编程综合实例

(1) 图样分析。

零件表面由平面、圆柱面、螺纹孔等组成，粗糙度为 Ra3.2，尺寸精度要求不高。零件图尺寸完整，零件材料为 45 钢，无热处理和硬度要求。为减少工件装夹次数，采用数控加工中心进行铣削和钻孔加工。图样尺寸未带公差，精度要求容易满足，在编程时取基本尺寸即可。

(2) 工艺过程。

毛坯尺寸 ϕ96 mm × 38 mm，零件采用通用夹具三爪卡盘装夹。先采用 ϕ16 mm 立铣刀进行正六方形外轮廓的铣削加工，总加工深度为 8 mm。接着用 ϕ16 mm 的立铣刀对 ϕ42 mm 和 ϕ30 mm 圆孔进行铣削加工，最后加工圆周上的螺纹孔。加工圆周上的孔时，先用中心钻钻浅孔，再用 φ6.8 mm 钻头钻深孔，最后用 M8 丝锥攻螺纹。工件上表面与三爪卡盘上表面的距离为 15 mm。工件坐标系位于工件上表面的中心处。

本案例共用到 4 把刀具，即 φ16 mm 立铣刀，φ5 mm 中心钻、φ6.8 mm 麻花钻和 M8 丝锥，由此完善刀具卡片如表 4-3 所示。

表 4-3　数控加工刀具卡

工序号		10	零件图号		××		零件名称		型腔零件
数控设备		VMC1160	程序编号		××		夹具编号		通用夹具
序号	刀具号	刀具规格名称	数量	刀具半径/mm	刀具长度/mm	加工内容			备注
1	T01	φ16 立铣刀	1	8	130	外轮廓表面、φ42 mm 和 φ30 mm 圆孔			
2	T02	φ5 中心钻	1	3.0	61	沿圆周钻浅孔 6-φ5×3			
3	T03	φ6.8 麻花钻	1	3.0	118	沿圆周钻深孔 6-φ6.8×18			
4	T04	M8 丝锥	1	4	83	攻螺纹孔 6-M8×16			
编制	××	审核	××	批准	××	日期	××	共××页	第××页

确定零件表面的加工顺序后，需根据加工表面质量要求、刀具材料和工件材料查阅有关资料，最终确定切削用量，如表 4-4 所示。

表 4-4　数控加工工序卡

工序号		10		零件图号		××	零件名称		型腔零件	
数控设备		VMC1160		程序编号		××	夹具编号		通用夹具	
工步		作业内容			刀具号	刀补号	主轴转速/(r/min)	进给速度/(mm/min)	吃刀量/mm	备注
1		粗铣外轮廓			T01	01	800	60		
2		精铣外轮廓			T01	01	1200	60		
3		粗铣φ42 mm 内孔			T01	01	800	80		
4		精铣φ42 mm 内孔			T01	01	800	60		
5		粗铣φ30 mm 内孔			T01	01	800	80		
6		精铣φ30 mm 内孔			T01	01	800	60		
7		打中心孔 6-φ5 mm 深 3 mm			T02	02	600	20		
8		钻孔 6-φ6.8 mm 深 18 mm			T03	03	600	20		
9		攻螺纹孔 4-M8×1.0 深 16 mm			T04	04	400	系统配给		
10		停车检验								
编制	××	审核	××	批准	××	日期	××	共××页		第××页

(3) 加工程序。

用 T01 号刀具对刀, 起刀点设置在(0,0,60.0)处。其余 3 把刀具均短于对刀刀具, 在程序中使用指令 G44 进行刀具长度补偿, H02 = 69 mm, H03 = 12 mm, H04 = 47 mm。

先使用 T01 号刀具进行工件外轮廓的加工, 工件外轮廓加工余量较大, 需要分多次切削。可将工件外轮廓精加工过程编制为子程序, 并配合缩放指令, 实现工件外轮廓的粗精加工。φ42 mm 内孔和φ30 mm 内孔采用 T01 号刀具螺旋下刀加工, φ42 mm 内孔铣削余量较大, 可分两次加工, φ30 mm 内孔可一次加工完成。工件圆周上的螺纹孔在加工过程中, 先用中心钻钻浅孔(指令 G81), 再用麻花钻钻深孔(指令 G81), 最后使用丝锥攻螺纹(指令 G84)。

① 外轮廓铣削加工子程序:

代　码	注　释
O1005;	程序名: O1005
G00 X70.0 Y-70.0;	刀具以快移方式到达(70.0, -70.0, 2.0)处
Z2.0;	
G01 Z-8.0 F60;	刀具以线性插补到达切削深度
G42 G01 X40.0 Y-50.0 D01;	刀具以线性插补到达轮廓延长线上, 并建立刀具半径补偿
Y23.095;	外轮廓铣削加工
X0 Y46.190;	
X-40.0 Y23.095;	
Y-23.095;	
X0 Y-46.190;	
X80.0 Y0;	
G40 G00 X70.0 Y-70.0;	取消刀具半径补偿, 回到起刀点(0, 0, 60.0)
Z60.0;	
X0 Y0;	
M99;	子程序结束, 返回上一级程序

② 加工主程序:

代　码	注　释
O0019;	程序名: O0019
G54 G17;	建立工件坐标系 G54, 指定加工平面 G17
T01 M06;	换用 T01 号刀具, 进行外轮廓的铣削加工
M03 S800;	主轴正转, 速度 800 r/min
G90 G00 X0 Y0;	刀具以快移方式到达起刀点(0, 0, 60.0)处
Z60.0;	

续表一

代　　码	注　　释
G51 X0 Y0 P1.125;	外轮廓进行两次粗加工
M98 P1005;	
G50;	
G51 X0 Y0 P1.02;	
M98 P1005;	
G50;	
M03 S1200;	主轴提速，速度 1200 r/min
M98 P1005;	外轮廓精加工
M03 S800;	主轴降速，速度 800 r/min，开始进行内孔的铣削加工
G00 Z2.0;	进行φ42 mm 内孔加工，到达螺旋下刀起刀点(0, 0, 2.0)处
#52=1.0;	定义 52 号变量，存储轮廓加工次数，赋初值 1.0
WHILE #52 LE 2.0;	外循环开始
G41 G01 X0.0 Y[15.5+5.5*[#52-1.0]] F[80-20*[#52-1.0]] D01;	建立刀具半径补偿，第一次刀具到达(0, 15.5, 2.0)处，第二次到达(0, 21.0, 2.0)
G03 X0.0 Y[15.5+5.5*[#52-1.0]] I0 J[-[15.5+5.5*[#52-1.0]]] F[80-20*[#52-1.0]];	设置空走圆，使刀具半径补偿完全建立(第一次φ31 mm，第二次φ42 mm)
#51=1.0;	定义 51 号变量，存储下刀圈数，赋初值 1.0
WHILE #51 LE 22.0;	执行宏程序 WHILE 循环，螺旋下刀，进行轮廓的加工(第一次循环加工φ31 mm 内孔，第二次循环加工φ42 mm 内轮廓)
G03 X0.0 Y[15.5+5.5*[#52-1.0]] Z[2.0-#51] I0 J[-[15.5+5.5*[#52-1.0]]] K0 F[80-20*[#52-1.0]];	
#51=#51+1.0;	
ENDW;	
G03 X0.0 Y[15.5+5.5*[#52-1.0]] I0 J[-[15.5+5.5*[#52-1.0]]] F[80-20*[#52-1.0]];	最后一次铣削孔表面
G40 G01 X0.0 Y0.0;	回到(0, 0, -20.0)处，取消刀具半径补偿
G00 Z2.0;	回到起刀点(0, 0, 2.0)处
#52=#52+1.0;	52 号变量加 1
ENDW;	外循环结束
G00 Z-18.0;	进行φ30 mm 内孔加工，到达螺旋下刀起刀点(0, 0, 2.0)处
G41 G01 X0.0 Y15.0 F80 D01;	建立刀具半径补偿，刀具到达(0, 15.0, -18.0)处
G03 X0.0 Y15.0 I0 J-15.0 F80;	设置空走圆，使刀具半径补偿完全建立
#51=1.0;	51 号变量存储下刀圈数，赋初值 1.0

代　码	注　释
WHILE #51 LE 22.0;	
G03 X0.0 Y15.0 Z[-18.0-#51] I0 J-15.0 K0 F80;	执行宏程序 WHILE 循环，螺旋下刀，进行轮廓的加工
#51=#51+1.0;	
ENDW;	
G03 X0.0 Y15.0 I0 J-15.0 F80;	空走圆
G40 G01 X0.0 Y0.0;	取消刀具半径补偿，回到坐标点(0, 0, −40.0)
Z60.0;	回到起刀点(0, 0, 60.0)
M05;	主轴停止
T02 M06;	换用 T02 号刀具，打中心孔 6-φ6 mm 深 3 mm
M03 S600;	主轴正转，速度 600 r/min
G44 G01 Z60.0 H02;	到达(0, 0, 60.0)处，并建立刀具长度补偿
G99 G81 X30.0 Y0 Z-3.0 R2.0 F20;	
X15.0 Y25.98;	
X-15.0 Y25.98;	
X-30.0 Y0;	沿圆周钻 6 个中心孔
X-15.0 Y-25.98;	
X15.0 Y-25.98;	
G80 G00 X0 Y0;	取消钻孔循环，取消刀具长度补偿，刀具回到起刀点
G49 Z60.0;	回到起刀点(0, 0, 60)
M05;	主轴停止
T03 M06;	换用 T03 号刀具，钻 6-φ6.8 mm 孔，深 18 mm
M03 S600;	主轴正转，速度 600 r/min
G44 G01 Z60.0 H03;	到达(0, 0, 60.0)处，并建立刀具长度补偿
G99 G81 X30.0 Y0 Z-18.0 R2.0 F20;	
X15.0 Y25.98;	
X-15.0 Y25.98;	
X-30.0 Y0;	沿圆周钻 6-φ6.8 mm 孔，深 18 mm
X-15.0 Y-25.98;	
X15.0 Y-25.98;	
G80 G00 X0 Y0;	取消钻孔循环，取消刀具长度补偿，刀具回到起刀点
G49 Z60.0;	回到起刀点(0, 0, 60)
M05;	主轴停止
T04 M06;	换用 T04 号刀具，攻螺纹 M8 深 16 mm
M03 S600;	主轴正转，速度 600 r/min

续表三

代　码	注　释
G44 G01 Z60.0 H04;	到达(0, 0, 60.0)处，并建立刀具长度补偿
G99 G84 X30.0 Y0 Z-16.0 R2.0 F20;	沿圆周孔攻螺纹 M8 深 16 mm
X15.0 Y25.98;	
X-15.0 Y25.98;	
X-30.0 Y0;	
X-15.0 Y-25.98;	
X15.0 Y-25.98;	
G80 G00 X0 Y0;	取消钻孔循环，取消刀具长度补偿，刀具回到起刀点
G49 Z60.0;	回到起刀点(0, 0, 60)
M05;	主轴停止
M30;	程序结束

4.8.2　数控铣削加工综合案例 2

【例 4-17】　如图 4-34 所示零件，材质 45 钢，毛坯尺寸 100 mm × 100 mm × 48 mm，工件坐标系位于工件上表面，请使用φ10 mm 的立铣刀完成该零件轮廓的加工。

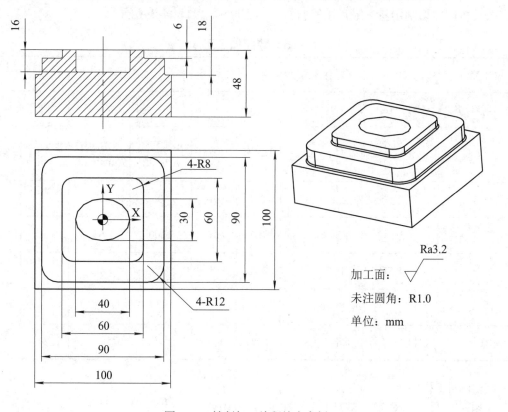

图 4-34　铣削加工编程综合实例

(1) 图样分析。

零件表面由轮廓曲面、椭圆面等组成，粗糙度为 Ra3.2，尺寸精度要求不高。零件图尺寸完整，零件材料为 45 钢，无热处理和硬度要求。为减少工件装夹次数，采用数控加工中心进行铣削加工。图样尺寸未带公差，精度要求容易满足，编程时取基本尺寸即可。

(2) 工艺过程。

毛坯尺寸 100 mm × 100 mm × 48 mm，采用通用夹钳装夹。在装夹时，工件上表面与夹钳上表面的距离为 25 mm。用φ10 mm 的立铣刀对刀，将工件坐标系设定在工件上表面的对称中心处。

先采用φ10 mm 立铣刀进行外轮廓的铣削加工，总加工深度为 6 mm 和 18 mm，深度为 6 mm 的小凸台一次下刀至目标深度，深度为 18 mm 的大凸台分两次下刀至目标深度。然后用φ10 mm 的立铣刀对椭圆内孔进行铣削加工，由于毛坯为实心毛坯，需采用螺旋下刀方式加工，先加工一个φ30 mm × 16 mm 的盲孔，再加工椭圆内表面。在加工φ30 mm × 16 mm 的盲孔时，由于孔径超过了 2 倍刀具直径，一次螺旋下刀过程无法完成加工，故采用两次螺旋下刀加工，先加工φ19 mm × 16 mm 盲孔，再加工φ30 mm × 16 mm 盲孔。

在确定零件表面的加工顺序后，需根据加工表面质量要求、刀具材料和工件材料查阅有关资料确定切削用量，最后填写数控加工工序卡，如表 4-5 所示。

表 4-5　数控加工工序卡

工序号		10	零件图号		××		零件名称		型腔零件
数控设备		VMC1160	程序编号		××		夹具编号		通用夹具
工步		作业内容		刀具号	刀补号	主轴转速 /(r/min)	进给速度 /(mm/min)	吃刀量 /mm	备注
1		粗铣外轮廓		T01	01	800	60		
2		精铣外轮廓		T01	01	1200	60		
3		椭圆内孔加工		T01	01	800	40		
4		停车检验							
编制	××	审核	××	批准	××	日期	××	共××页	第××页

(3) 加工程序。

用 T01 号刀具对刀，起刀点设置在(0, 0, 80.0)处。

① 外轮廓铣削加工子程序：

代　码	注　释
O1006;	程序名：O1006
G42 G01 X30.0 Y-50.0 F60 D01;	刀具以线性插补到达轮廓延长线上，并建立刀具半径补偿
Y22.0;	外轮廓铣削加工
G03 X22.0 Y30.0 R8.0 F60;	
G01 X-22.0;	
G03 X-30.0 Y22.0 R8.0 F60;	
G01 Y-22.0;	
G03 X-22.0 Y-30.0 R8.0 F60;	
G01 X22.0;	
G03 X30.0 Y-22.0 R8.0 F60;	
G01 X50.0;	
G40 G00 X70.0 Y-70.0;	取消刀具半径补偿，回到起刀点(70.0, -70.0)处
M99;	子程序结束，返回上一级程序

② 椭圆孔加工子程序：

代　码	注　释
O1007;	程序名：O1007
#56=15.0;	定义 #56 变量，用来存储 Y 坐标，赋初值 15.0
WHILE #56 GE -15.0;	加工 X < 0 部分的椭圆表面
#57=-20*SQRT[1-#56*#56/225.0];	
G01 X[#57] Y[#56] F40;	
#56=#56-0.5;	
ENDW;	
#56=-15.0;	#56 变量赋值为 -15.0
WHILE #56 LE 15.0;	加工 X > 0 部分的椭圆表面
#57=20*SQRT[1-#56*#56/225.0];	
G01 X[#57] Y[#56] F40;	
#56=#56+0.5;	
ENDW;	
M99;	子程序结束，返回上一级程序

③ 加工主程序：

代　　码	注　　释
O0020;	程序名：O0020
G54 G17;	建立工件坐标系 G54，指定加工平面 G17
T01 M06;	换用 T01 号刀具
M03 S800;	主轴正转，速度 800 r/min
G90 G00 X0 Y0; Z80.0;	刀具以快移方式到达起刀点(0, 0, 80.0)处，此处开始进行外轮廓的加工
G00 X70.0 Y-70.0; Z-6.0;	刀具以快移方式到达(70.0, -70.0, -6.0)处
#53=6;	定义#53 变量，存储轮廓加工次数，赋值 6
WHILE #53 GE 1;	
G51 X0 Y0 P[1.0+0.1*#53];	
M98 P1006;	
G50;	
#53=#53-1.0;	外轮廓进行七次粗加工，精加工余量为 0.3 mm
ENDW;	
G51 X0 Y0 P1.01;	
M98 P1006;	
G50;	
M03 S1200;	主轴提速，速度 1200 r/min
M98 P1006;	外轮廓精加工
M03 S800;	主轴降速，速度 800 r/min
G00 X70.0 Y-70.0; Z-12.0;	刀具以快移方式到达(70.0, -70.0, -12.0)处
#53=3;	#53 变量赋值为 3
WHILE #53 GE 1;	
G51 X0 Y0 P[1.5+0.05*#53];	
M98 P1006;	
G50;	外轮廓进行四次粗加工，精加工余量为 0.3 mm
#53=#53-1.0;	
ENDW;	
G51 X0 Y0 P1.51;	
M98 P1006;	

代　码	注　释
G50;	
M03 S1200;	主轴提速，速度 1200 r/min
G51 X0 Y0 P1.5;	外轮廓精加工
M98 P1006;	
G50;	
M03 S800;	主轴降速，速度 800 r/min
G00 X70.0 Y-70.0;	刀具以快移方式到达(70.0,-70.0,-12.0)处
Z-18.0;	
#53=3;	#53 变量赋值为 3
WHILE #53 GE 1;	外轮廓进行四次粗加工，精加工余量为 0.3 mm
G51 X0 Y0 P[1.5+0.05*#53];	
M98 P1006;	
G50;	
#53=#53-1.0;	
ENDW;	
G51 X0 Y0 P1.51;	
M98 P1006;	
G50;	
M03 S1200;	主轴提速，速度 1200 r/min
G51 X0 Y0 P1.5;	外轮廓精加工
M98 P1006;	
G50;	
G00 Z2.0;	刀具回到(0, 0, 2.0)处
X0 Y0;	
M03 S800;	主轴降速，速度 800 r/min，此处开始进行内圆孔的螺旋下刀加工
#52=1.0;	定义 #52 变量，存储螺旋下刀次数，赋初值 1
WHILE #52 LE 2.0;	外循环开始
G41 G01 X0.0 Y[9.5+5.5*[#52-1.0]] F[80-20*[#52-1.0]] D01;	建立刀具半径补偿，第一次刀具到达(0, 9.5, 2.0)处，第二次到达(0, 15.0, 2.0)
G03 X0.0 Y[9.5+5.5*[#52-1.0]] I0 J[-[9.5+5.5*[#52-1.0]]] F[80-20*[#52-1.0]];	设置空走圆，使刀具半径补偿完全建立(第一次 ϕ19 mm，第二次 ϕ30 mm)
#51=1.0;	定义 51 号变量，存储下刀圈数，赋初值 1.0

续表二

代　　码	注　　释
WHILE #51 LE 18.0;	执行宏程序 WHILE 循环，螺旋下刀，进行轮廓的加工(第一次循环加工φ19 mm 内孔，第二次循环加工φ30 mm 内轮廓)
G03 X0.0 Y[9.5+5.5*[#52-1.0]] Z[2.0-#51] I0 J[-[9.5+5.5*[#52-1.0]]] K0 F[80-20*[#52-1.0]];	
#51=#51+1.0;	
ENDW;	
G03 X0.0 Y[9.5+5.5*[#52-1.0]] I0 J[-[9.5+5.5*[#52-1.0]]] F[80-20*[#52-1.0]]	最后一次铣削孔表面
G40 G01 X0.0 Y0.0;	回到(0, 0, -16.0)处，取消刀具半径补偿
G00 Z2.0;	回到起刀点(0, 0, 2.0)处
#52=#52+1.0;	#52 变量加 1
ENDW;	外循环结束
G41 G01 X0 Y15.0 F80 D01;	此处开始椭圆表面加工，到达椭圆边界，建立半径补偿
G03 X0 Y15.0 I0 J-15.0;	轮廓外空走圆，使刀具半径补偿完全建立
#55=0.99;	定义#55 变量，用于计算下刀深度
WHILE #55 LE 3.0;	分三次下刀，每次下刀深度为 6 mm
G01 Z[2.0-6.0*#55] F40;	
M98 P1007;	
#55=#55+1.0;	
ENDW;	
G40 G01 X0 Y0;	刀具回到坐标系原点(0, 0, 15.99)处
Z80.0;	刀具回到起刀点(0, 0, 80.0)处
M05;	主轴停止
M30;	程序结束

课 后 习 题

1. 简答题

(1) 简述华中数控铣床/加工中心中绝对编程指令 G90 和增量编程指令 G91 的使用方法。

(2) 简述华中数控铣床/加工中心中工件坐标系指令 G92 的使用方法。

(3) 简述华中数控铣床/加工中心中极坐标指令 G16、G15 的使用方法。

(4) 在铣削加工过程中，为什么要使用刀具半径补偿和长度补偿指令？

(5) 简述刀具半径补偿指令 G41、G42 和 G40 的含义和使用方法。

(6) 简述刀具长度补偿指令 G43、G44 和 G49 的含义和使用方法。

(7) 简述华中数控铣床/加工中心中子程序的使用方法及其优点。

(8) 简述镜像指令、缩放指令和旋转指令的适用条件和参数含义。

(9) 简述孔加工循环指令 G81、G82 的动作过程及其含义。

(10) 比较深孔加工循环指令 G73 和 G83 的差异,并说明指令适用条件。

2. 编程题

(1) 如图 4-35 所示零件,毛坯尺寸 120 mm × 120 mm × 35 mm,工件坐标系位于工件上表面,请使用 φ10 mm 的立铣刀完成该零件轮廓的加工。

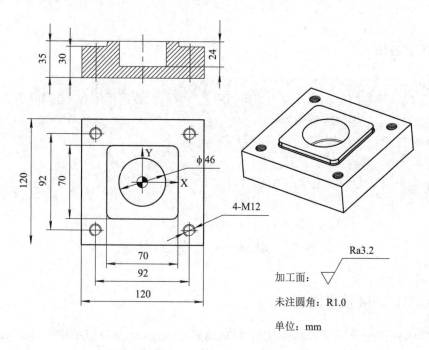

图 4-35　铣削加工编程综合实例

(2) 根据 2.6.3 节所示型腔类零件的加工工艺,完成其数控加工编程工作。

3. 论述题

(1) 手机扫描如下二维码,观看数控铣削加工视频。从保证加工效率和加工质量方面考虑,谈一谈应该怎样选择编程指令和工艺参数。

数控铣削加工视频

(2) 正确合理地使用宏指令,能够极大地简化程序,并提高数控加工效率和质量。网上查阅资料,谈一谈你对数控加工宏指令的应用环境和应用方法的认识。

第 5 章　数控加工仿真技术应用

教学目标

本章以斯沃数控仿真软件作为仿真应用平台，进行数控车削、铣削加工过程仿真。通过本章的教学，学生应该做到：

(1) 掌握斯沃数控仿真软件的使用方法。

(2) 能够完成数控车削对刀和零件仿真加工过程。

(3) 能够完成数控铣削/加工中心对刀和零件仿真加工过程。

5.1　数控加工仿真技术

5.1.1　CAD/CAM 技术概述

计算机辅助设计/计算机辅助制造(CAD/CAM，Computer Aided Design / Computer Aided Manufacturing)技术是指以计算机为技术手段进行数字信息和图形信息处理，辅助完成产品设计和制造任务。

现代工业产品的制造过程如图 5-1 所示，从市场需求开始，经过产品设计、工艺设计、加工和装配后形成市场所需求的产品。在产品设计阶段，设计人员要完成产品的概念设计、结构设计等工作，该阶段为 CAD 阶段。在工艺设计阶段，工艺人员要完成零件毛坯设计、加工工艺规程设计、工装夹具设计以及零部件装配工艺规程设计等工作，该阶段通常称作 CAPP(Computer Aided Process Planning，计算机辅助工艺规划)阶段。在加工和装配阶段，生产人员要完成数控编程、加工仿真、数控加工、装配、质量检验等工作，该阶段为 CAM 阶段。

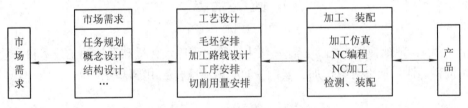

图 5-1　现代工业产品的制造过程

目前,计算机技术的发展为 CAD、CAPP 和 CAM 提供了一个集成的工作环境。将 CAD、CAPP 和 CAM 有机地联系起来，称之为 CAD/CAM 一体化技术(或 CAD/CAM 系统)。

在工业设计和制造领域，CAD/CAM 技术是提高产品设计和制造、缩短产品研发周期，降低产品研发成本的强有力手段，可以产生巨大的经济效益。

5.1.2　常用数控加工仿真软件

1. 国外著名数控加工仿真软件

1) MasterCAM 软件

MasterCAM 软件是美国 CNC Software 公司开发的一款基于 PC 平台的 CAD/CAM 仿真软件。MasterCAM 软件集二维绘图、三维实体造型、数控编程、仿真加工等多种功能于一身。MasterCAM 软件提供了设计零件所需的理想环境，其强大且稳定的造型功能为设计出复杂的曲线、曲面零件提供了技术保障。

MasterCAM 软件具有强劲的粗加工及灵活的精加工功能，并提供了多种零件粗加工方式，以提高零件加工的效率和质量。MasterCAM 软件也提供了多种零件精加工方式，用户可以从中选择适合的零件加工方式。MasterCAM 软件的多轴加工功能，为复杂零件的加工提供了更多的选择性。MasterCAM 软件可模拟零件加工的整个过程，在加工模拟环境中不但能显示刀具和夹具，还能检验加工刀具、夹具与被加工零件的干涉情况。MasterCAM 软件提供了 400 种以上的后置处理文件以适用于各种类型的数控系统，并根据机床的实际结构，编制专门的后置处理文件，编译 NC 文件经后置处理后便可生成加工程序。

2) UG

UG(Unigraphics NX)是 Siemens PLM Software 公司出品的一个产品工程解决方案，为用户的产品设计及加工过程提供了数字化造型和验证手段。UG NX 是一款功能十分强大的 CAD/CAE/CAM 软件系统，其内容涵盖产品的概念设计、造型设计、模型设计、分析计算、运动仿真、工程出图、加工仿真等全过程，广泛应用于航空航天、汽车、机械、造船、医疗、电子等诸多领域。

UG NX 的加工基础模块拥有一个界面友好的图形化窗口，用户可以在图形方式下观测刀具沿轨迹运动的情况并可对其进行图形化修改，如对刀具轨迹进行延伸、缩短或修改等。加工基础模块同时提供通用的点位加工编程功能，可用于钻孔、攻丝和镗孔等加工编程。UG NX 的加工基础模块交互界面可按用户需求进行灵活的用户化修改和剪裁，并可定义标准化刀具库、加工工艺参数样板库使粗加工、半精加工、精加工等操作常用参数标准化，以减少使用培训时间并优化加工工艺。UG 软件所有模块都可在实体模型上直接生成加工程序，并保持与实体模型全相关。

UG NX 的加工后置处理模块使用户可方便地建立自己的加工后置处理程序，该模块适用于世界上主流的数控机床和加工中心，在多年的应用实践中已被证明适用于 2～5 轴或更多轴的铣削加工、2～4 轴的车削加工和电火花线切割。

3) VERICUT 软件

VERICUT 软件是美国 CGTECH 公司开发的一款数控加工仿真系统，该系统由 NC 程序验证、机床运动仿真、优化路径、多轴加工、高级机床特征、实体比较等诸多模块组成，可仿真数控车床、铣床、加工中心、线切割机床和多轴机床等多种加工设备的数控加工过程，也能进行 NC 程序优化，检查刀路过切、欠切，防止机床碰撞。VERICUT 软件具有真实的三维实体显示效果，可以对切削模型进行尺寸测量，并能保存切削模型供检验、后续工序切削加工使用。VERICUT 软件具有 CAD/CAM 接口，能实现与 UG、CATIA 及 MasterCAM 等软件的嵌套运行。目前，VERICUT 软件已广泛应用于航空航天、汽车、模具制造等行业。

2. 国内数控加工仿真软件

1) 斯沃数控仿真软件

斯沃数控仿真软件是由南京斯沃软件技术有限公司开发的一款 CAM 系统。目前最新版本为斯沃数控仿真软件 7.3，该软件包括 24 大类，108 个系统，228 个控制面板，包括发那科(FANUC)、西门子(SINUMERIK)、三菱(MITSUBISHI)、海德汉(HEIDENHAIN)、广州数控(GSK)、华中世纪星(HNC)、北京凯恩帝(KND)、大连大森(DASEN)等诸多主流数控加工系统，具有编程和仿真加工功能。斯沃软件仿真环境真实感强，效果逼真，并为仿真提供了丰富的材料库、刀具库和参数库。用户可以在 PC 机上模拟操作机床，能在短时间内掌握各种系统的数控车、数控铣及加工中心的操作。斯沃软件同时具有手动编程和程序导入模拟加工。在斯沃数控仿真软件网络版中，服务器可随时获取客户端操作信息，并具有考试、练习以及广播功能等。

2) 宇龙数控仿真软件

宇龙数控仿真软件是上海宇龙软件工程有限公司开发的一款 CAM 系统。目前最新版本为宇龙数控仿真软件 5.0，该软件与斯沃数控仿真软件类似，可用于车床、立式铣床、卧式加工中心、立式加工中心的仿真加工；宇龙数控仿真软件支持的数控系统有发那科 (FANUC)、西门子 (SINUMERIK)、三菱 (MITSUBISHI)、海德汉(HEIDENHAIN)、广州数控(GSK)、华中世纪星(HNC)、北京凯恩帝(KND)、大连大森(DASEN)等。宇龙数控仿真软件提供了丰富的刀具材料库，采用数据库统一管理刀具材料和性能参数库。刀具库包含数百种不同材料和形状的刀具，支持用户自定义刀具以及相关特征参数。

3) CAXA 制造工程师

CAXA 制造工程师是北京数码大方科技股份有限公司开发的面向机械制造业 CAD/CAM 软件。CAXA 制造工程师利用灵活、强大的实体与曲面混合造型功能和丰富的数据接口，可以实现复杂产品的三维造型设计。CAXA 制造工程师通过加工工艺参数和机床设置的设定，选取需加工的部分，自动生成适合于任何数控系统的加工代码，并通过直观的仿真加工和代码反读来检验加工工艺和代码质量。CAXA 制造工程师为数控加工行业提供了从造型设计到加工代码生成、校验一体化的全面解决方案，并已广泛应用于塑模、锻模、汽车覆盖件拉伸模、压铸模等复杂模具的生产以及汽车、电子、兵器、航天航空等行业的精密零件加工。

本书以斯沃数控仿真软件 7.3 版本作为仿真平台，车床仿真在 FANUC 0i-TF 数控系统中进行，铣床/加工中心仿真在华中 HNC-818M 数控系统中进行。

5.2　斯沃数控仿真软件用户环境与基本操作

5.2.1　环境界面

启动斯沃数控仿真软件后，系统进入初始界面，如图 5-2 所示，用户根据购买的软件类型来选择"单机版"或者"网络版"。在"数控系统"菜单下，用户可以选择想要进入的数控系统，这里我们选择 FANUC 0i-TF 车床数控系统。

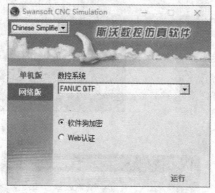

图 5-2　系统初始界面

进入 FANUC 0i-TF 车床数控系统后，软件主界面如图 5-3 所示。主界面上边有主菜单如图 5-4 所示主菜单几乎涵盖了软件的所有功能，在主菜单下边和主窗口左侧有工具栏(如图 5-5、图 5-6 所示)，以方便用户进行快捷操作。在主窗口左侧为模型树，如图 5-7 所示，包含设备视图、信息和代码等内容，显示窗口如图 5-8 所示，主窗口右侧为 MPG 手持单元、数控系统面板、机床操作面板，如图 5-9 至图 5-11 所示。

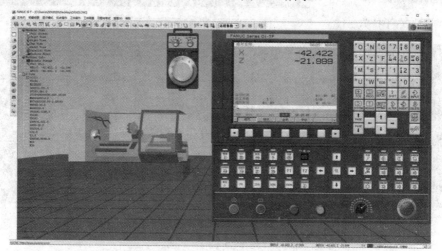

图 5-3　FANUC 0i-TF 数控车床仿真系统界面

文件(F)　视窗视图　显示模式　机床操作　工件操作　工件测量　习题与考试　查看(V)　帮助

图 5-4　主菜单

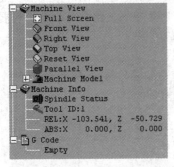

图 5-5　工具栏 a

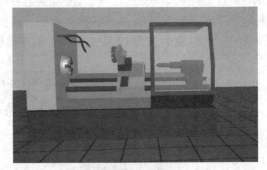

图 5-6　工具栏 b

图 5-7　模型树

图 5-8　显示窗口

图 5-9　MPG 手持单元　　　图 5-10　FANUC 0i-TF 车床数控系统面板

图 5-11　沈阳一机数控车床操作面板

5.2.2　菜单栏的功能及操作

1. 文件

文件菜单主要包括清空 NC 代码、打开、保存、另存为和退出命令，如图 5-12 所示。

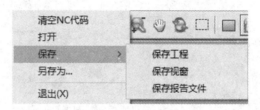

图 5-12　"文件"菜单

　　执行"清空 NC 代码"命令时，系统内存中的指令代码会被清空，模型树中 G 代码项显示为"Empty"。

　　执行"打开"命令时，系统会弹出"打开"对话框，如图 5-13 所示。通过"打开"对话框可以打开硬盘上存储的文件。

图 5-13　"打开"对话框

　　执行"保存"命令时，会弹出三个子菜单：保存工程、保存视窗和保存报告文件。

　　执行"保存工程"命令时，弹出"保存"对话框如图 5-14 所示，项目被保存为 *.pj 格式的文件，保存内容为 NC 代码文件、工件信息、刀具信息、工程文件等。

图 5-14　"保存工程"对话框

　　执行"保存视窗"命令时，会弹出"另存为"对话框如图 5-15 所示，视窗被保存为 *.jpg 格式的文件(通常用于保存加工完毕的工件图片)。

　　执行"保存报告文件"命令时，也会弹出"另存为"对话框如图 5-16 所示，项目被保存为 *.htm 文件，保存内容包括工件信息、NC 代码、加工视窗和输出信息等。

图 5-15 "另存为"对话框

图 5-16 "保存报告"对话框

执行"另存为..."命令时，弹出"另存为..."对话框如图 5-17 所示。通过该对话框，用户可以对当前文件进行备份。备份内容包括 NC 代码文件、工件信息、刀具信息、工程文件等。

图 5-17 "另存为..."对话框

2. 视窗视图

视窗视图主要包括窗口切换、整体缩小、整体放大、缩放、平移、旋转、2D 视图、对刀视图、正视、侧视、俯视、全屏显示、双显示器显示、双显示器显示交换、显示工具条提示和语言等命令，如图 5-18 所示。

执行"窗口切换"命令，主视窗将会在显示窗口、数控系统控制面板和机床操作面板之间进行切换。执行"整体缩小"或"整体放大"命令，显示窗口会整体缩小或放大。执行"缩放""平移"或"旋转"命令后，在显示窗口内按下鼠标左键并滑动鼠标，显示窗口会相应地缩放、平移或旋转。执行"2D视图"命令，显示窗口将从 3D 视图切换到 2D 视图。在对刀或仿真加工时，为了便于邻近观察工件和刀路轨迹，经常使用 2D 视图模式(2D 模式仅出现在车床系统中)。"对刀视图"是专门为对刀过程所设置，在对刀过程中使用对刀视图，可以清楚地观察到刀具与工件的相对位置关系，有利于提升对刀效率。执行"正视""侧视"或"俯视"命令时，显示窗口会相应地切换到正视图、侧视图和俯视图状态。当采用双显示器计算机时，可将显示窗口、数控系

图 5-18 "视窗视图"菜单

统控制面板和机床操作面板分开显示在不同的显示器窗口上，并可以通过"双显示器显示交换"命令进行切换。当执行"显示工具条提示"命令时，工具条会切换至图 5-19 所示的状态。

图 5-19　执行"显示工具条提示"后的工具条状态

3. 显示模式

显示模式菜单下的内容与机床类型有关。车床系统下，该菜单主要包括床身显示模式、加工声效、显示坐标、显示铁屑、显示冷却液、显示毛坯、显示工件、截面观察、透明显示、显示刀架、显示刀位号、显示刀具、显示透明刀具和显示刀轨命令，如图 5-20 所示。在铣床/加工中心系统下，该菜单主要包括床身显示模式、加工声效、显示坐标、显示铁屑、显示冷却液、显示毛坯、显示工件、透明显示、刀具交换装置(ACT)显示、显示刀位号、显示刀具、显示透明刀具和显示刀轨命令，如图 5-21 所示。

图 5-20　车床系统中的"显示模式"菜单　　　图 5-21　铣床/加工中心系统中的"显示模式"菜单

在车床系统下，执行"床身显示模式"命令时，显示窗口内的机床模型会被隐藏，仅显示出三爪卡盘、工件、刀具、刀架和后顶尖，如图 5-22 所示。在铣床/加工中心系统下，执行"床身显示模式"命令时，显示窗口仅显示出工件和刀具。在执行"加工声效"命令后，仿真加工时，软件会模拟切削加工时的声效。当执行"显示坐标""显示铁屑""显示冷却液""显示毛坯""显示工件""显示刀架""显示刀位号""显示刀具""显示透明刀具"或"显示刀轨"命令时，在仿真加工时，系统显示窗口会显示出对应项。在执行"透明显示"命令时，显示窗口中的机床模型会切换为透明状态。在车床系统下，执行"截面观察"命令时，显示窗口的工件会切换到剖分状态，以便于观察。在铣床/加工中心系统下，执行"刀具交换装置(ACT)显示"命令时，刀具交换装置被隐藏。

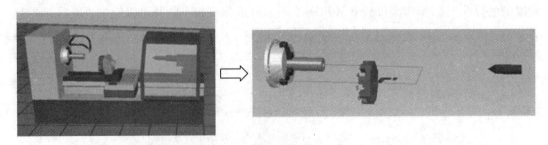

(a) 车床系统

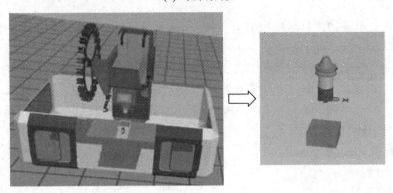

(b) 铣床/加工中心系统

图 5-22　"床身显示模式"开启与关闭

4. 机床操作

机床操作菜单下的内容与机床类型有关，如图 5-23、图 5-24 所示，菜单命令的使用将在后续内容中讲解。在车床系统下，该菜单主要包括参数设置、冷却液调整、选择刀具、快速定位和舱门命令。铣床/加工中心系统下，该菜单主要包括参数设置、冷却液调整、基准芯棒选择、寻边器选择、Z 向对刀仪选择(100 mm)、选择刀具和舱门命令。

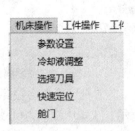

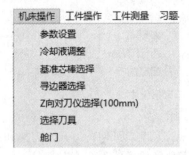

图 5-23　车床系统中的"机床操作"菜单　　　图 5-24　铣床/加工中心系统中的"机床操作"菜单

5. 工件操作

工件操作菜单下的内容与机床类型有关，如图 5-25、图 5-26 所示，菜单命令的使用将在后续内容中讲解。在车床系统下，工件操作菜单主要包括选择毛坯夹具、工件掉头、工件外移和工件内移命令。在铣床/加工中心系统下，工件操作菜单主要包括选择毛坯、工件装夹和工件放置命令。

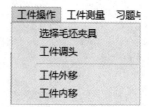

图 5-25　车床系统中的"工件操作"菜单　　图 5-26　铣床/加工中心系统中的"工件操作"菜单

6. 工件测量

工件测量菜单下的内容与机床类型有关，如图 5-27、图 5-28 所示，菜单命令的使用将在后续内容中讲解。在车床系统下，工件测量菜单主要包括刀路测量(调试)、直径、长度、角度、螺纹、圆弧、粗糙度和测量退出命令。在铣床/加工中心系统下，工件测量菜单主要包括刀路测量(调试)、特征点、特征线、距离、角度和测量退出命令。

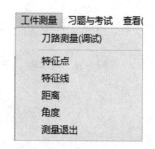

图 5-27　车床系统中的"工件测量"菜单　　图 5-28　铣床/加工中心系统中的"工件测量"菜单

5.2.3　工具栏的功能及操作

工具栏中的大多数命令均可以在主菜单中找到，合理使用工具栏中的命令有助于提升加工仿真效率。工具栏中的命令与机床的类型有关，车床系统中的工具栏命令的含义如图 5-29、图 5-30 所示。铣床/加工中心系统中的工具栏命令的含义如图 5-31、图 5-32 所示。工具栏中有视频录制子工具条，如图 5-29 至图 5-31 所示，可以用来录制加工视频。

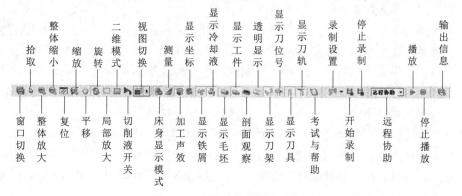

图 5-29　车床系统中的工具栏 a

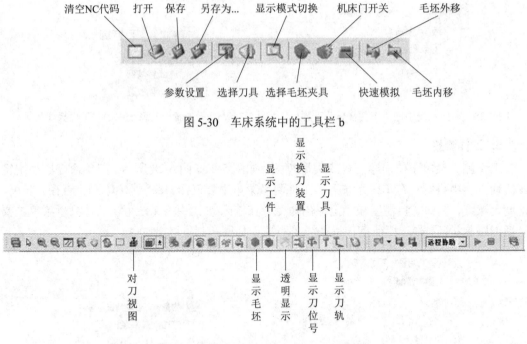

图 5-30　车床系统中的工具栏 b

图 5-31　铣床/加工中心系统中的工具栏 a(其他按钮含义同上)

图 5-32　铣床/加工中心系统中的工具栏 b(按钮含义同上)

5.3　数控车削加工仿真应用

5.3.1　数控车床系统的基本设置

启动斯沃数控仿真软件后，系统进入初始界面，选择"FANUC 0i-TF"系统，单击"运行"，软件进入车床仿真系统界面如图 5-33 所示。

在车床操作面板上，将"急停"按钮 ⬤ 松开，鼠标左键单击"开启"按钮 ⬤ 开启系统显示屏幕。然后单击"机床操作"→"参数设置"菜单，即可弹出如图 5-34 所示的"参数设置"对话框界面。单击"机床操作"列表，用户可以根据实际加工情况对车床刀架位置(前置刀架或后置刀架)和刀架位数(四方刀架、八方刀架、十二方刀架或十六方刀架)进行设置，其他参数可以不做更改，在仿真加工过程中保持默认即可。

在"参数设置"对话框中，单击"编程"列表，用户可以设置脉冲混合编程，如图 5-35 所示。在采用脉冲混合编程时，用户要注意，程序中的坐标数值一定要包含小数点，如果没有小数点，数值将按照脉冲处理。例如，程序 G01 X100 Y100 和 G01 X100.0 Y100.0 在脉冲混合编程条件下的执行结果可能不同。

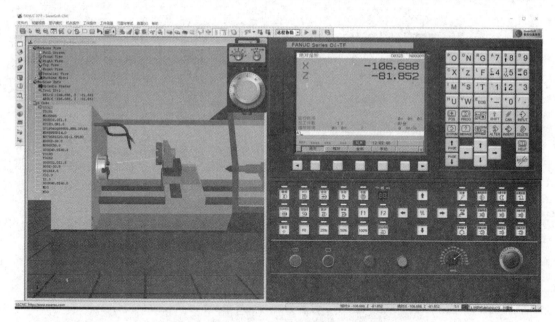

图 5-33　车床系统主界面

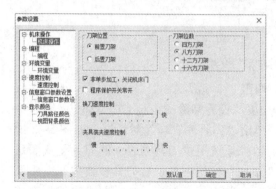

图 5-34　车床参数设置

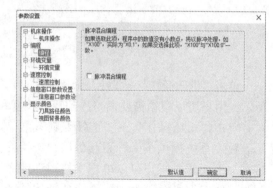

图 5-35　车床编程设置

同理，用户也可以在"参数设置"对话框中对"环境变量""速度控制""信息窗口参数设置""刀具路径颜色"和"视图背景颜色"进行设置，如图 5-36 至图 5-40 所示。

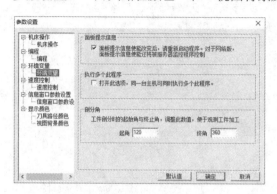

图 5-36　车床环境变量设置

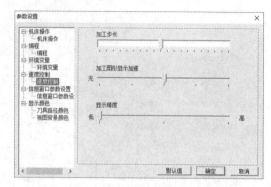

图 5-37　车床速度控制设置

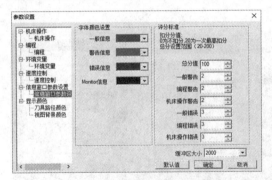

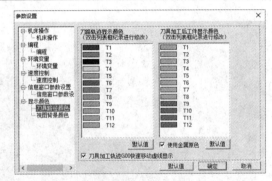

图 5-38　车床信息窗口参数设置　　　　　　　　图 5-39　车床刀具路径颜色设置

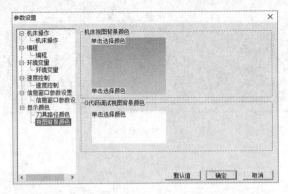

图 5-40　视图背景颜色设置

单击"机床操作"→"冷却液调整"菜单，弹出"冷却液软管调整"对话框，如图 5-41 所示。用户可以根据需要调整冷却管的长度和角度，使冷却液喷头对准加工部位。

单击"机床操作"→"选择刀具"菜单，弹出"刀具库管理"对话框，如图 5-42 所示。数控系统提供了多种刀具供用户选用，若数控系统提供刀具列表中的刀具无法满足仿真加工要求，用户可以单击"修改"或者"添加"按钮，对现有刀具参数进行编辑或者添加新的刀具至列表中。选择要使用的刀具后，单击"添加到刀盘"即可将刀具安装到刀架刀盘上。

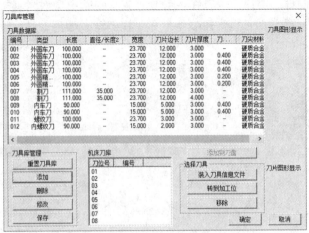

图 5-41　车床冷却液软管调整　　　　　　　　图 5-42　车床刀具库管理

斯沃数控仿真软件提供了所有常用的车削加工刀具，如图 5-43 所示，用户可以设置刀具的参数，如刀杆长度、直径、刀杆宽度、刀具角度、刀片边长、刀片厚度、刀尖圆弧半径、刀片材料等参数。

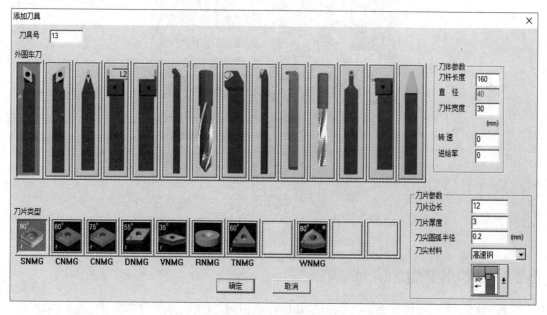

图 5-43　车床刀具参数设置

单击"机床操作"→"舱门"菜单，或单击工具栏中的 ▬ 按钮，可以控制机床舱门的开启或关闭。在仿真加工时，必须关闭数控车床舱门，才能进行程序自动加工仿真。

单击"工件操作"→"选择毛坯夹具"菜单，或单击工具栏中的 ● 按钮，弹出如图 5-44 所示的"设置毛坯"对话框。用户可以从列表中选择毛坯，若毛坯尺寸不合适，用户可单击"添加"或者"修改"按钮，添加新毛坯或者对现有毛坯尺寸进行修改。毛坯设置对话框如图 5-45 所示，用户可以设置毛坯的长度、直径、内径和材料。用户也可以对夹具进行设置，通常棒料采用外圆夹持、套类毛坯也可采用内圆夹持。此外，用户还可以为毛坯添加固定中心架或者尾架。

用户也可以对毛坯的夹持位置进行设置，单击"工件操作"→"工件调头"菜单，可将工件调头夹持。单击"工件操作"→"工件外移"或"工件内移"菜单，或者单击工具栏中的 ▣ 或 ▣ 按钮，可以改变夹具夹持位置，将毛坯向外或者向内移动。

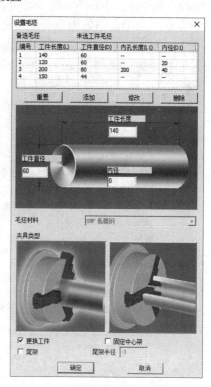

图 5-44　毛坯和夹具设置

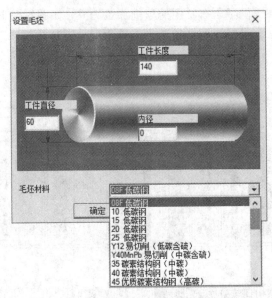

图 5-45　毛坯尺寸和材料设置

5.3.2　数控车床系统面板的操作

数控车床系统面板主要由车床控制和操作面板区、CRT 显示屏幕区和 MDI 键盘区，如图 5-46 所示。CRT 显示屏幕区可以显示刀架坐标、加工程序、故障信息、系统参数等内容。显示屏幕的正下方为五个功能键，功能键的功能会随着显示屏幕上的内容变化而发生变化。显示屏幕的右侧为 MDI 键盘区，用户通过 MDI 键盘可以完成加工程序的编辑(插入、替换和删除等)、屏幕显示内容的调整、系统参数的修改等操作。

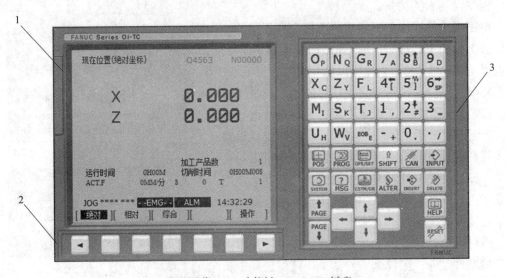

1—显示屏幕；2—功能键；3—MDI 键盘。

图 5-46　数控系统面板

MDI 键盘中包含数字键、字母键和各种功能键，各按键的功能如表 5-1 所示。

表 5-1　FANUC 0i-TF 数控系统面板按键及功能说明

按键	功　　能	按键	功　　能
P O 等	字母键、数字键或符号键，由字母、数字和特殊符号组成。有时需要与 SHIFT 配合使用，实现输入字符的切换	POS	坐标显示键，用于显示刀架的机械坐标、绝对坐标、相对坐标等信息
E EOB	分号键，是程序段结束的标志	PROG	程序显示键，在编辑模式下，可进行程序的编辑、查找、修改等操作
SHIFT	切换键，在某些按键的功能间进行切换	SET	偏置设置键，可进行刀具长度、半径、磨耗和刀尖位置号的设定，也可进行工件坐标系的设置
CAN	取消键，可用于删除最后一个输入缓存区的字符或者符号	SYSTEM	系统参数设置键，在 MDI 模式下，可进行系统参数的编辑、修改、查找等工作
INPUT	输入键，用于输入加工参数值(如偏置值、刀具补偿值等)，但不能用于程序输入	MESSAGE	信息输出键，当机床出现问题时，可通过该键查看报警信息
ALTER	替换键，用于替换输入的字符或者符号(在编辑程序时使用)	CSTM GRAPH	显示用户宏程序或者刀具中心轨迹
INSERT	插入键，用于在程序段中插入字符或者符号	PAGE	翻页键，成对存在，用于将屏幕显示内容向前或向后翻页
DELETE	删除键，用于删除已输入的字符、符号或硬盘上的 CNC 程序	↑	光标移动键，有↑、↓、←和→四个按键，用于移动屏幕上光标的位置
HELP	帮助键，显示 MDI 键盘按键的功能或机床操作方法	RESET	复位键，使机床复位、取消报警或者终止程序运行等

车床操作面板如图 5-47 所示，通常包括"模式选择"按键、"运动轴方向"按键、"切削辅助动作"按键、"急停"旋钮、"倍率设置"按键/旋钮、"屏幕启动/关闭"按钮、"程序启动/停止"按钮、"程序调试"按键等。

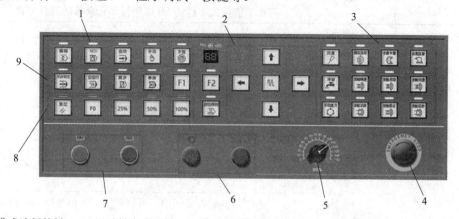

1—模式选择按键；2—运动轴方向按键；3—切削辅助动作按键；4—急停旋钮；5—倍率设置旋钮；
6—屏幕启动/关闭按钮；7—程序启动/停止按钮；8—进给倍率设置按键；9—程序调试按键。

图 5-47　FANUC 0i-TF 数控车床操作面板

车床操作面板各按键的含义和功能如表 5-2 所示。

表 5-2　数控车床操作面板按键及功能说明

按键	内　容	功　能
急停		出现紧急状况时，按下该按键后机床处于锁住状态，无法继续移动。排除故障后，松开该按键，急停状况解除
程序启动/停止		按下绿色按键，程序启动。按下黄色按键，程序停止
显示屏幕启动/关闭		按下绿色按键，显示屏幕启动，按下黄色按键，显示屏幕关闭
主轴转速控制		对主轴转速的倍率进行设定。例如，程序中指定主轴转速为 800 r/min，将主轴倍率设置旋钮旋至 50%处，则实际加工过程中主轴转速为 400 r/min
进给速度控制	25% 等	对刀具进给速度的倍率设定。例如，程序中指定刀具进给速度为 100 mm/min，将进给倍率设置为 25%，则实际加工过程中刀具进给速度为 25 mm/min
机床运行方式选择	编辑	在编辑模式下，用户可以在系统面板上对程序进行新建、修改、删除等操作
	MDI	MDI 模式为半自动模式，在 MDI 模式下，用户可以直接在系统面板上输入指令，控制机床动作
	自动	自动模式为数控加工模式，在自动模式下，数控机床可根据现有程序完成数控加工，中途无须人工干预
	手动	在手动模式下，用户可以通过控制面板上的运动轴方向按键移动刀架的位置
	手摇	在手摇模式下，用户可以通过摇动 MPG 手持单元来控制刀架的移动。在刀具离工件比较近、面板操作机床不方便时，可在手摇模式下摇动 MPG 手持单元来移动刀具位置
主轴动作	主轴正转	主轴正转，顺时针方向转动
	主轴停止	主轴停止转动
	主轴反转	主轴反转，逆时针方向转动
	主轴降速	主轴在转动时，按下该按键，主轴转速下降
	主轴点动	主轴以点动方式运动，用户每按一下该按键，主轴转动一定角度
	主轴升速	主轴在转动时，按下该按键，主轴转速上升

按键	内　容	功　　能
其他控制按键	机床锁住	按下此按键时，机床运动被限制
	空运行	按下此按键时，机床会空负载运行，即以快速移动 G00 的方式走完程序
	跳步	按下此按键时，前面带"/"的程序段跳过不执行
	单段	按下此按键时，每按一下循环启动按钮，程序只运行一段
	复位	按下该按键后，主轴停止，机床复位
方向选择按键	（方向按键图）	将程序运行模式设置为"手动"，按下运动轴方向键"→""←""↑"或"↓"，可实现刀架沿对应方向上移动

5.3.3　数控车床的对刀过程

1. 试切法对刀过程仿真

启动斯沃数控仿真软件后，系统进入初始界面，选择"FANUC 0i-TF"系统，单击"运行"，软件进入车床仿真系统界面。在车床操作面板上，将"急停"旋钮 🔵 松开，单击"开启"按钮 🔵 开启系统显示屏幕。

然后单击"机床操作"→"参数设置"菜单，即可弹出图 5-48 所示的"参数设置"对话框界面。单击"机床操作"列表，将车床刀架位置设置为后置刀架，刀架位数设置为八方刀架，其他参数可以不做更改，单击"确定"。

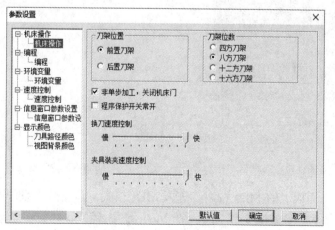

车床试切法对刀

图 5-48　"参数设置"对话框

点击车床操作面板上的 → 和 ↑ 按钮，使刀架回到车床参考点(对于增量编码器控制的数控机床，机床启动后必须执行回参考点动作)。

点击"工件操作"→"选择毛坯夹具"菜单，弹出图5-49所示毛坯设置对话框。在毛坯列表中选择长度为140 mm、直径为60 mm的毛坯(若列表中不存在此尺寸毛坯，可点击"添加"或"修改"按键进行设置)，毛坯材料可不作更改，夹具类型为外圆夹持。然后点击"确定"按钮，完成毛坯设置。若毛坯夹持位置不合适，单击"工件操作"→"工件外移"或"工件内移"菜单，或者单击工具栏中的 ⬅ 或 ➡ 按钮，可以改变夹具夹持位置，将毛坯向外或者向内移动。

点击"机床操作"→"选择刀具"菜单，弹出图5-50所示刀具库管理对话框。在刀具列表中，选择一把左偏外圆车刀(若列表中无左偏外圆车刀，可点击"添加"按键，添加一把左偏外圆车刀至列表中)，然后点击"添加到刀盘"，将左偏外圆车刀添加到刀架上的01号刀位。刀具添加完毕后，点击"确定"按钮，返回至软件主界面。

点击"视窗视图"→"2D视图"菜单，或者点击工具栏 ▣ 按钮，软件进入2D视图模式，如图5-51所示。

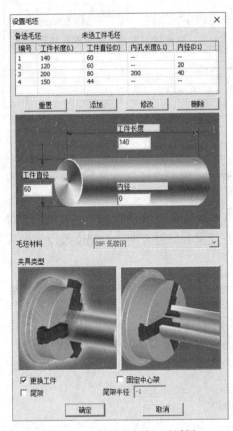

图 5-49　"毛坯设置"对话框

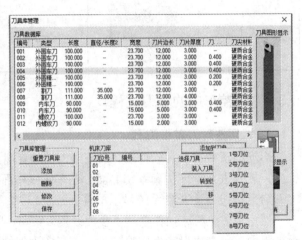

图 5-50　"刀具库管理"对话框

图 5-51　2D视图模式

点击机床操作面板上的MDI按钮，进入MDI模式。点击数控系统面板上的"prog"按钮，此时系统显示屏幕如图5-52所示。在MDI键盘上输入";M03S600;"后点击"Insert"按钮，将指令输入软件系统中，如图5-53所示。

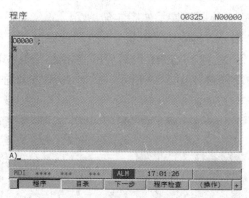
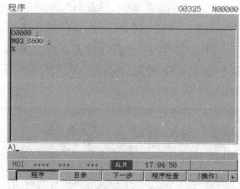

图 5-52　系统显示屏幕　　　　　　　　　　　图 5-53　MDI 模式下输入指令

　　点击机床操作面板上的"程序启动"按钮，此时主轴开始以 600 r/min 正转。然后，切换至手动模式下移动 X 轴和 Z 轴，点击 ← 和 ↓ 按钮，移动刀具试切毛坯外圆至图 5-54 所示状态。然后点击 → 按钮，使刀具与工件脱离，如图 5-55 所示。此处要注意，刀具不能有径向位移。

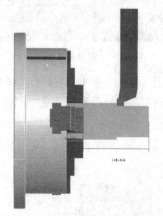
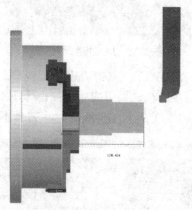

图 5-54　外圆试切　　　　　　　　　　　图 5-55　刀具与工件脱离

　　点击车床操作面板上的"主轴停止"按钮，主轴停止转动。点击"工件测量"→"直径"菜单，测量毛坯试切处的外圆直径，如图 5-56 所示。此处试切值为 51.323，并将该值记录下来。

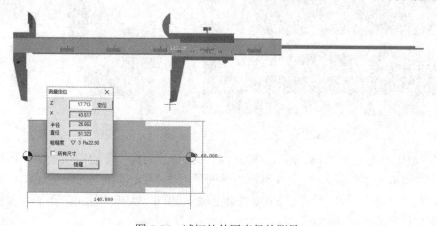

图 5-56　试切处外圆直径的测量

点击 MDI 键盘上的"Set Offs"按钮，此时系统屏幕显示如图 5-57 所示。

然后点击"刀偏"下边的功能键如图 5-57 所示，再点击"形状"下的功能键如图 5-58 所示，进入图 5-59 所示的状态。保证光标位于 X 轴和 G001 所对应的空格上，在 MDI 键盘上输入 X51.323，然后点击"测量"下的功能键如图 5-59 所示，此时 X 轴方向对刀完毕。

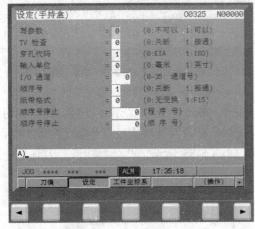

图 5-57　I/O 通道设置

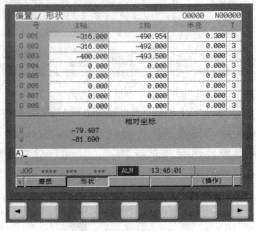

图 5-58　刀具偏置设置

在手动模式下，点击"主轴正转"，启动主轴。然后点击 ← 和 ↓ 按钮，试切端面如图 5-60 所示。在试切完成后，点击 ↑ 按钮使刀具与工件脱离，再点击"主轴停止"按钮。此处要注意，刀具与工件脱离时，刀具不能有轴向位移。

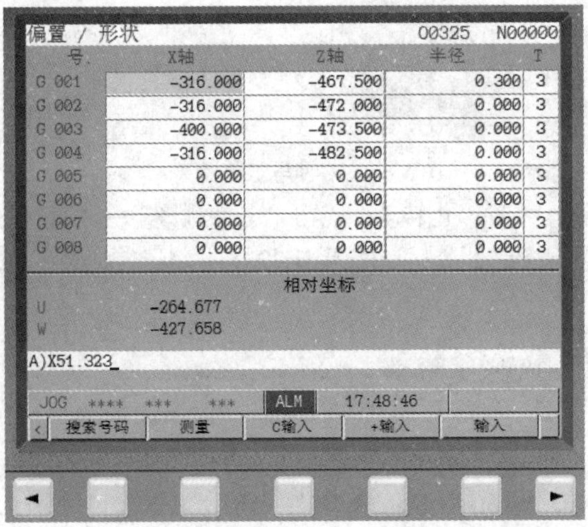

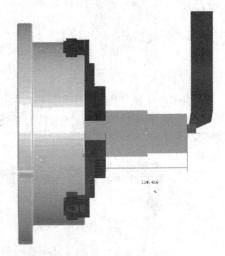

图 5-59　刀具偏置设置

图 5-60　试切端面

点击 MDI 键盘上的"Set Offs"按钮，然后点击"刀偏"下边的功能键，再点击"形状"下的功能键，重新进入图 5-59 所示的界面。点击 MDI 键盘上的 → 按钮，将光标调整到 Z 轴，如图 5-61 所示，然后在 MDI 键盘上输入 Z0.0，点击"测量"下的功能键，Z 轴对刀完成。

接下来需要检验对刀数据的正确性，点击 → 和 ↑ 按钮，使刀具远离工件，然后进入 MDI

模式。在 MDI 模式下，点击"prog"按钮，然后输入指令";T0101;G00X0.0Z2.0"，点击"Insert"，如图 5-62 所示。执行指令后，若刀尖到达图 5-63 所示的位置，则对刀过程正确。

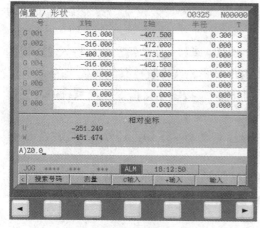

图 5-61　刀具偏置设置　　　　　　　　　　图 5-62　MDI 模式下指令输入

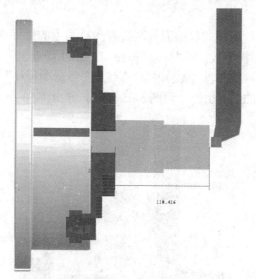

图 5-63　MDI 模式下执行指令后刀尖位置

　　完成对刀后，用户需要编写数控加工程序。此时需要注意，用户编写的切削加工程序中，应包含刀具号和刀偏的调用指令，如表 5-3 所示。

表 5-3　采用试切法对刀建立工件坐标系时的加工程序

代　　码	注　　释
O0001;	程序名：O0001
T0101;	采用 T01 号刀具和 01 号刀偏值
...	此处为用户切削加工代码
M05;	主轴停止
M30;	程序结束

2. FANUC G50 指令对刀过程仿真

软件进入车床系统，在车床操作面板上，将"急停"按钮 ⬤ 松开，单击"开启"按钮 ⬤ 开启系统显示屏幕。按照前述步骤，依次完成车床参数设置，安装工件(尺寸为 φ60 mm × 140 mm)和刀具(左偏外圆车刀)。

点击"视窗视图"→"2D 视图"菜单，或者点击工具栏 ☐ 按钮，软件进入 2D 视图模式。点击机床操作面板上的 MDI 按钮，进入 MDI 模式。点击数控系统面板上的"prog"按钮。在 MDI 键盘上输入";M03S600"后点击"Insert"按钮，将指令输入系统中，然后点击"启动程序"按钮使车床主轴正转。

车床系统切换至手动模式下，点击 ← 和 ↓ 按钮，移动刀具试切毛坯外圆。然后点击 → 按钮，使刀具与工件脱离，刀具不能有径向位移。

点击车床操作面板上的"主轴停止"按钮，让主轴停止转动。点击"工件测量"→"直径"菜单，测量毛坯试切处的外圆直径(此处假定试切值仍为 51.323，将该值记录下来)。

点击 ← 按钮移动刀具至图 5-64 所示的状态，此时刀尖在工件坐标系下的坐标为(X, Z) = (51.323, 0)。

在 MDI 模式下，以增量模式移动刀具至工件坐标系下的坐标点(X,Z) = (80.0, 60.0)。移动方式如下：点击数控系统面板上的"prog"按钮。在 MDI 键盘上输入";G00U28.677W60.0"后点击"Insert"按钮，将指令输入系统中，然后点击"启动程序"按钮使刀尖以增量模式运行到坐标点(X,Z) = (80.0, 60.0)处，如图 5-65 所示，至此 G50 指令对刀过程完成。

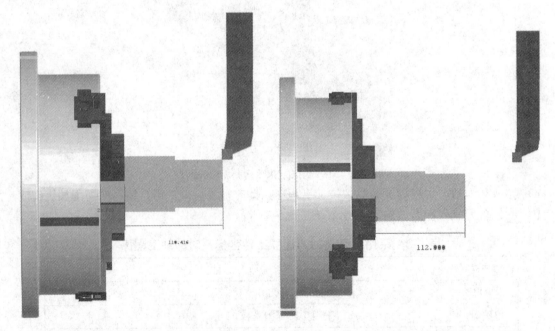

图 5-64　G50 指令对刀时刀具停靠位置　　　　图 5-65　MDI 模式下执行增量指令后刀尖位置

接下来用户需要编制加工程序，将刀尖当前点的位置作为起刀点。此时应注意，编写程序指令应包含表 5-4 所示的代码。

表 5-4　采用 FANUC G50 指令对刀建立工件坐标系时的加工程序

代　码	注　释
O0002;	程序名：O0002
G50 X80.0 Z60.0;	设定刀尖当前点位置坐标为(80.0, 60.0)，相当于在工件端面建立工件坐标系
...	此处为用户切削加工代码
G00 X80.0 Z60.0;	返回工件坐标系建立的位置(80.0, 60.0)。
M05;	主轴停止
M30;	程序结束

5.3.4　数控车削加工其他参数的设定

为了保证数控车床的加工精度，有时用户还需要额外设置一些参数，例如，刀具的刀尖圆弧半径、刀尖号、因磨损导致的刀具尺寸变化量等。

刀尖圆弧半径和刀尖号的输入方式如下：点击 MDI 键盘上的 "set offs" 按钮，然后点击屏幕上 "刀偏" 下方的功能键，再点击 "形状" 下方的功能键，进入图 5-66 所示的界面。将光标调整至半径处，在 MDI 键盘上输入刀尖圆弧半径值 0.2，再点击屏幕上 "输入" 下方的功能键，即完成刀尖圆弧半径的设定。更改刀尖号的过程与上述步骤类似，将光标调整至 T 处，在 MDI 键盘上输入刀尖号，再点击屏幕上 "输入" 下方的功能键，即完成刀尖号的设定。

刀具磨损的输入方式如下：点击 MDI 键盘上的 "set offs" 按钮，然后点击屏幕上 "刀偏" 下方的功能键，进入图 5-67 所示的界面。在该界面下，用户可以完成对刀具 X、Z 向磨损量和磨损后的刀尖圆弧半径值的设定。

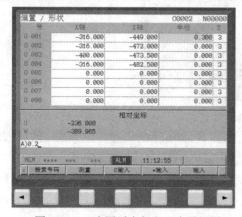

图 5-66　刀尖圆弧半径和刀尖号设置

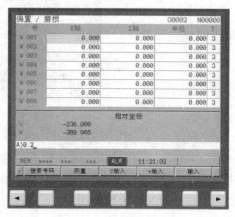

图 5-67　刀具磨耗设置

5.3.5　车床程序管理与仿真运行

1. MDI 键盘管理程序

数控车床程序的输入和修改必须在 "编辑" 模式下完成。点击车床操作面板上的 "编辑" 按钮，系统进入编辑模式。点击 MDI 键盘上的 "prog" 按钮，再点击屏幕上 "目录" 下方的功能键，进入图 5-68 所示的界面，在该界面下可以看到当前数控系统中所存在的程序。

如果要新建程序，点击"程序"下方的功能键，在 MDI 键盘上输入程序名再点击"Insert"按钮，即完成新程序的创建。接下来用户可以在图 5-69 所示的界面下，在 MDI 键盘上输入加工程序代码。

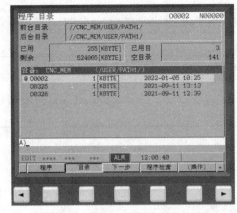
图 5-68　数控系统中的程序目录

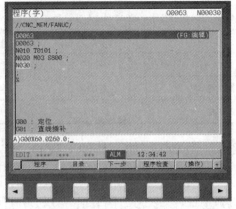
图 5-69　新建加工程序

如果要删除程序列表中的程序，可点击"操作"下方的功能键，然后点击 ▶ 按钮，系统进入图 5-70 所示的界面后，点击"删除"下方的功能键，即完成加工程序的删除。

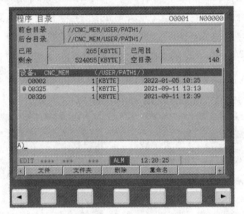
图 5-70　加工程序的删除

如果要调用列表中的程序进行加工，可先进入图 5-68 所示的程序目录界面，然后点击"操作"下的功能键，使用 MDI 键盘上的 ↑ 或 ↓ 按钮，选中要调用的程序，再点击"主程序"下方的功能键，即完成列表程序的调用。系统切换到"自动"模式下，点击"程序启动"按钮，即可开始数控加工。

2. 外部导入程序

在斯沃数控仿真软件中，用户可以先将程序编写在记事本文件中，然后更改记事本文件的后缀名为 *.cnc，再导入数控系统中。

程序导入方法如下：点击车床控制面板上的"编辑"按钮，系统进入编辑模式。在编辑模式下，点击"prog"，在 MDI 键盘上输入程序名后，点击"Insert"，如图 5-71 所示。再点击"文件"→"打开"菜单，在弹出的对话框中浏览到加工程序文件 *.cnc，如图 5-72所示，点击"打开"即完成加工程序的导入。

图 5-71　程序名的输入

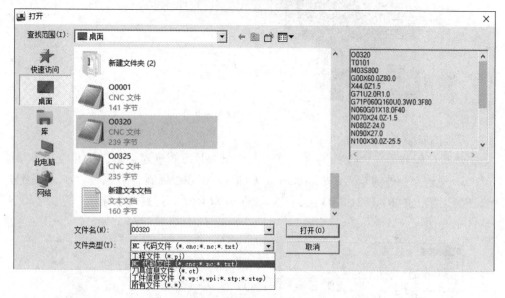

图 5-72　加工程序的导入

5.3.6　车削加工仿真应用实例

【例 5-1】　在 FANUC 0i-TF 数控系统下，完成图 3-32 所示零件的仿真加工。

该案例的仿真过程主要包括以下内容：车床基本参数的设置、毛坯的安装、刀具的安装、对刀建立工件坐标系、加工程序的输入和调试运行、仿真加工结果的测量。

(1) 机床基本参数的设置。

进入数控车床系统，在机床操作面板上，将"急停"按钮 ⬤ 松开，单击"开启"按钮 ⬛ 开启系统显示屏幕。单击"机床操作"→"参数设置"菜单，在弹出的参数设置对话框中，将车床设置为前置刀架、八方刀架，其他参数保持默认，点击"确定"按钮完成参数设置。

(2) 毛坯的安装。

点击"工件操作"→"选择毛坯夹具"菜单，弹出毛坯设置对话框。在毛坯列表中选择长度为 90 mm、直径为 42 mm 的毛坯(若列表中不存在，可点击"添加"或"修改"按钮进行设置),毛坯材料设置为 45 钢,夹具类型为外圆夹持。然后点击"确定",完成毛坯设置。单击"工件操作"→"工件外移"菜单,或者单击工具栏中的　　按钮,可以改变夹具夹持位置,使毛坯端面到夹具的距离为 74 mm(夹具夹持段长度 16 mm)。结果如图 5-73 所示。

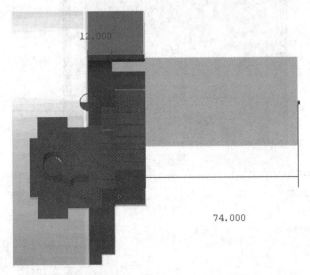

图 5-73　毛坯设置与装夹

(3) 刀具的安装。

点击"机床操作"→"选择刀具"菜单,弹出刀具库管理对话框。按照表 3-3 添加三把刀具(45° 硬质合金外圆车刀、宽 4 mm 切断(槽)刀和 60° 硬质合金螺纹刀)。将三把刀具依次添加到刀架上的 01、02 和 03 号刀位,如图 5-74 所示。刀具添加完毕,点击"确定",返回软件主界面。

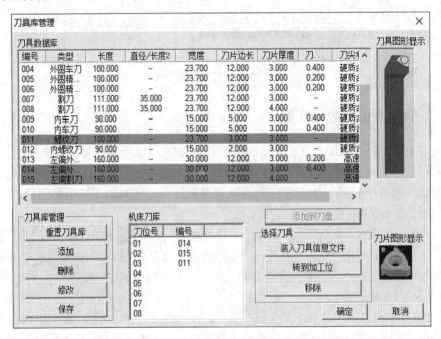

图 5-74　刀具参数设定与安装

(4) 对刀建立工件坐标系。

用户可以按照前述对刀过程进行试切法对刀，将工件坐标系建立在毛坯右端面中心处。

此处为了节约仿真时间，不再使用试切法移动刀具，而使用斯沃软件提供的快速定位功能完成对刀工作，需要注意的是，快速定位功能仅能在仿真软件下使用，在实际的加工过程中，还需要使用试切对刀。快速定位功能的使用过程如下：

点击"机床操作"→"快速定位"菜单，弹出图 5-75 所示的对话框。鼠标点击毛坯右端面圆心处，然后点击"确定"按钮，刀具刀尖到达端面圆心处，如图 5-76 所示。

图 5-75　快速定位对话框

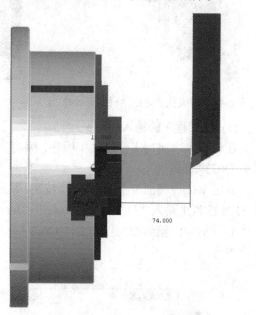

图 5-76　刀尖快速定位至端面圆心

点击 MDI 键盘上的"Set Offs"按钮，在系统显示屏幕中，点击"刀偏"下边的功能键，再点击"形状"下的功能键，保证光标位于 X 轴和 G001 所对应的空格上，在 MDI 键盘上输入 X0.0，然后点击"测量"下的功能键，此时 X 轴方向对刀完毕。调整光标位置至 Z 轴，在 MDI 键盘上输入 Z0.0，然后点击"测量"下的功能键，Z 轴方向对刀完毕。此时 01 号刀具对刀完成。

在手动模式下，点击 ➡ 和 ⬆ 按钮使刀具与工件脱离。点击"机床操作"→"选择刀具"菜单，在弹出的"刀具库管理"对话框中，选中 02 号刀具，点击"转到加工位"，再点击"确定"按钮返回主界面，即可开始 02 号刀具的对刀。02 号刀具为宽 4 mm 切断(槽)刀，其对刀方法与 01 号刀具相同。

02 号刀具对刀完成后，按照上述过程将 03 号刀具转到加工位。03 号刀具为 60°硬质合金螺纹刀，对刀过程中使用快速定位功能，刀尖不能对到端面圆心处，只能对应到端面直径处(即刀尖达到图 5-77 所示的位置)。此时，在 MDI 键盘上输入值的时候，要注意，X 方向输入值为 X42.0，Z 方向输入值为 Z0.0。对刀完成后，屏幕显示状态如图 5-78 所示。

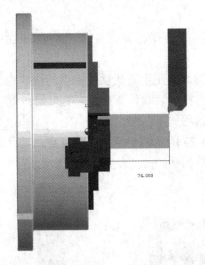
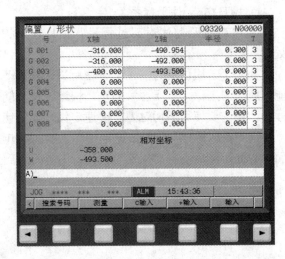

图 5-77　刀尖快速定位至端面直径处　　　　图 5-78　对刀完成后的屏幕显示状态

(5) 加工程序的输入和调试运行。

在记事本中编写零件的加工程序，编写完成后将程序另存为*.cnc 文件，此处将文件命名为 O0334.cnc。

点击车床控制面板上的"编辑"按钮，系统进入编辑模式。在编辑模式下，点击"prog"，在 MDI 键盘上输入"O0334"后，点击"Insert"，再点击"文件"→"打开"菜单，在弹出的对话框中浏览到加工程序文件 O0334.cnc，如图 5-79 所示，点击"确定"即完成加工程序的导入。

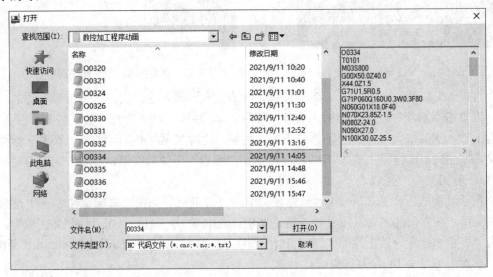

图 5-79　加工程序的导入

导入程序后的显示屏幕状态如图 5-80 所示。此时，用户需要细心检查程序是否有误，检查完毕后再开始调试程序，程序调试步骤如下：点击车床操作面板上的"自动"和"单段"按钮，然后点击"程序启动"按钮。每点击一次"程序启动"按钮，系统会运行一个程序段。在程序调试过程中，若出现意外情况，应立即按下"急停"按钮，待故障排除后重新运行程序。如果在调试过程中未发生意外情况，说明此程序正确无误。获得的仿真加工结果如图 5-81 所示。

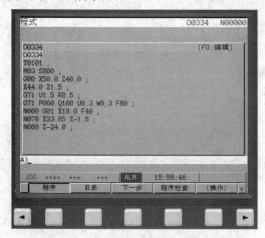

图 5-80　导入程序后的显示屏幕状态

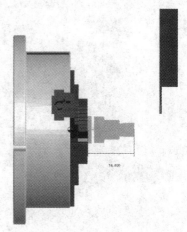

图 5-81　仿真加工结果

(6) 仿真加工结果的测量。

点击"工件测量"→"直径"菜单，进入车床的测量模式，如图 5-82 所示。在该界面下移动鼠标，可以观察到每个轴段的外径尺寸，由此可以检验仿真加工的结果是否满足精度要求。

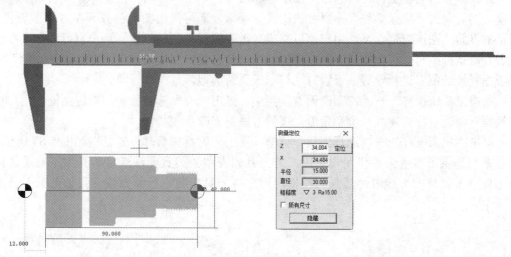

图 5-82　仿真加工结果的检验

5.4　数控铣削加工仿真应用

5.4.1　数控铣床系统的基本设置

启动斯沃数控仿真软件后，系统进入初始界面，选择"华中数控 HNC-818M"系统，单击"运行"按钮，软件进入铣床/加工中心仿真系统界面，如图 5-83 所示。

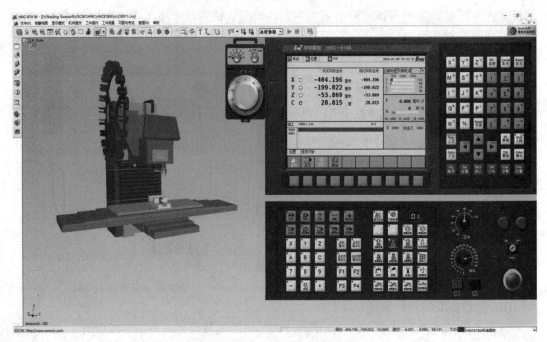

图 5-83　铣床/加工中心系统主界面

在铣床操作面板上，将"急停"按钮 ⬤ 松开，单击"开启"按钮 ⬤ 开启系统显示屏幕。然后单击"机床操作"→"参数设置"菜单，即可弹出图 5-84 所示的"参数设置"对话框界面。在该对话框下，用户可以完成对机床操作参数的设置。用户也可以在"参数设置"对话框中对"环境变量""速度控制""信息窗口参数设置""刀具路径颜色"和"视图背景颜色"进行设置，设置方法与车床系统类似。

单击"机床操作"→"冷却液调整"菜单，弹出"冷却液软管调整"对话框。用户可以根据需要调整冷却管的长度和角度，调整方法与车床系统类似。

单击"机床操作"→"选择刀具"菜单，弹出"刀具库管理"对话框如图 5-85 所示。数控系统提供了多种刀具供用户选用，若刀具列表中的刀具无法满足仿真加工要求，用户可以单击"修改"或者"添加"按钮，对现有刀具参数进行编辑或者添加新的刀具至列表中。

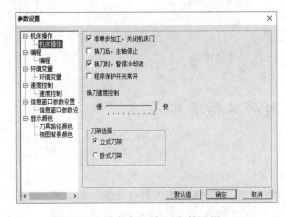

图 5-84　铣床/加工中心参数设置

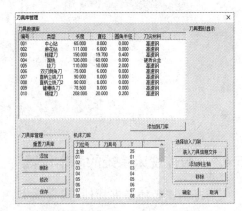

图 5-85　铣床/加工中心刀具库管理

斯沃数控仿真软件中，提供了常用的铣削加工刀具如图 5-86 所示，用户可以设置刀具的参数，如刀杆长度、直径、刀具材料等参数。

单击"工件操作"→"选择毛坯"菜单，或单击工具栏中的  按钮，弹出如图 5-87 所示的"设置毛坯"对话框。用户可以从列表中选择毛坯，若毛坯尺寸不合适，可单击"添加"或者"修改"按钮，添加新毛坯或者对现有毛坯尺寸进行修改。斯沃数控仿真软件支持立方体和圆柱体两种毛坯，用户可以修改毛坯尺寸和材料。

用户也可以对毛坯的夹持方式和夹持位置进行设置。单击"工件操作"→"工件装夹"菜单，弹出图 5-88 所示"工件装夹"对话框。用户可以设定工件的装夹方式(直接装夹、工艺板装夹或平口钳装夹)，还可以调整工件夹持位置和工件高度。

图 5-86　铣床/加工中心刀具参数设置

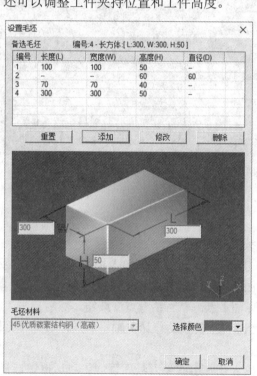

图 5-87　铣床/加工中心刀具参数设置

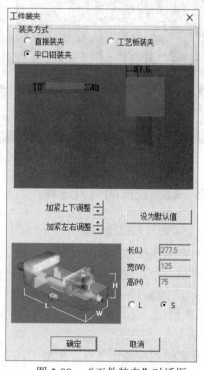

图 5-88　"工件装夹"对话框

5.4.2　数控铣床系统面板的操作

数控铣床系统面板主要由数控系统面板(见图 5-89)和机床控制面板(见图 5-90)组成。数控系统面板包括显示屏幕、功能键和 MDI 键盘。铣床操作面板包括"模式选择"按键、"运动轴方向"按键、"切削辅助动作"按键、"急停"旋钮、"倍率设置"按键/旋钮、"屏

幕启动/关闭"按钮、"程序启动/停止"按钮、"程序调试"按键等。铣床系统各按键的
功能和使用方法与车床系统类似。

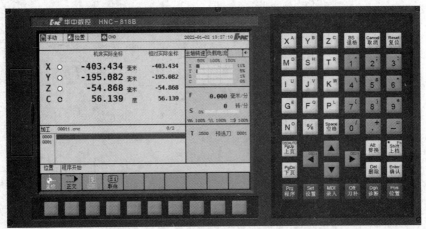

图 5-89　华中 HNC-818M 铣床/加工中心数控系统面板

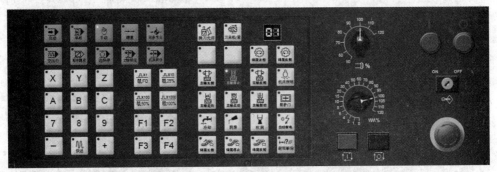

图 5-90　华中 HNC-818M 铣床/加工中心标准操作面板

5.4.3　数控铣床的对刀过程

1. 试切对刀过程仿真

启动斯沃数控仿真软件后，系统进入初始界面，选择"华中数控 HNC-818M"系统，
单击"运行"，软件进入铣床仿真系统界面。在机床操作面板上，将"急停"按钮 ⬤ 松
开，单击"开启"按钮 ⬛ 开启系统显示屏幕。点击"回参考点"按钮，然后点击"Z 轴"
和"+"按钮，使主轴回到 Z 轴方向的参考点，重复该动作让主轴沿 X 轴、Y 轴也回到参
考点。

单击"机床操作"→"选择刀具"菜单，在弹出的"刀具库管理"对话框中选择一把
立铣刀，将其添加到主轴刀位。单击"工件操作"→"选择毛坯"菜单，或单击工具栏中
的 ⬤ 按钮，在弹出的"设置毛坯"对话框中设置毛坯尺寸为 100 mm × 100 mm × 60 mm，
然后点击"确定"按钮，完成毛坯设置。单击"工件操作"→"工件装夹"菜单，在弹出
的"工件装夹"对话框中，将夹持方式设置为"平口钳夹持"，调整夹持高度使工件上表
面高出平口钳上表面 30 mm，点击"确定"按钮，完成毛坯装夹设置。设置完成后，铣床、
工件和刀具的状态如图 5-91 所示。

加工中心试切对刀

图 5-91　安装毛坯和刀具后机床、工件和刀具的状态

在铣床操作面板上，将数控机床模式设置为"手动"，点击数控系统面板上的"MDI 录入"按钮，在 MDI 键盘上输入"M03S600"，点击"运行程序"按钮。此时，主轴以 600 r/min 正转。

点击"视窗视图"→"对刀视图"菜单，显示窗口被分割为四个视图，如图 5-92 所示，依次为正视图、侧视图、俯视图和全景视图。

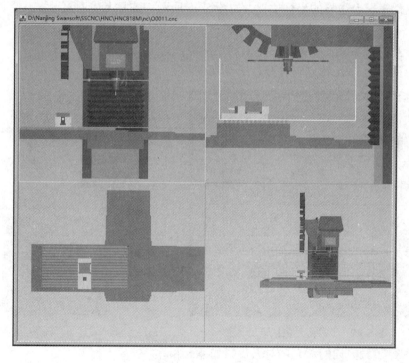

图 5-92　对刀视图

先进行 X 轴方向的对刀，对刀步骤如下：

在"手动"模式下，点击机床操作面板上的"X""Y""Z"和"-"四个按钮，使刀具靠近工件的一个边。当工件离刀具比较近时，可借助 MPG 手持单元进行调整(将机床模式设置为"增量"模式，MPG 手持单元的"坐标轴选择"旋钮旋向 X 轴，倍率设置为"×10"或者"×1"，如图 5-93 所示，转动手轮调整工件位置)，当工件与刀具接触时，停止调整，如图 5-94 示。

图 5-93　MPG 手持单元　　　　　　　　图 5-94　刀具与工件一侧接触

点击数控系统面板上的"Set 设置"按钮，再点击显示屏幕上"记录Ⅰ"下方的功能键，记录工件第一个边界的坐标位置，如图 5-95 所示。重复上述调整过程，使刀具与工件达到图 5-96 所示的状态，再点击显示屏幕上"记录Ⅱ"下方的功能键，记录毛坯第二个边界的坐标位置。然后点击"分中"下方的功能键，完成 X 轴方向的对刀。

Y 轴方向对刀与 X 轴方向对刀方法一致，重复上述过程即可。

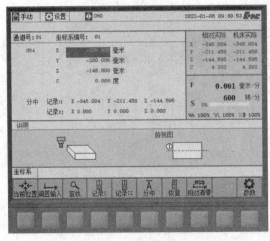

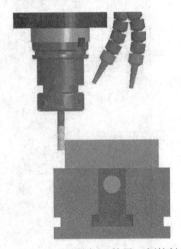

图 5-95　工件边界坐标记录　　　　　　　图 5-96　刀具与工件另一侧接触

最后进行 Z 轴方向的对刀，对刀步骤如下：

在机床操作面板上，点击"回参考点"按钮，然后点击"Z 轴"和"+"按钮，使主轴回到 Z 轴方向的机床参考点。将机床运行模式切换到"手动"模式，点击数控系统面板上的"MDI 输入"按钮，输入指令"G54"(Enter)和"G00X0.0Y0.0"(Enter)，点击"运行程序"按钮，此时刀具位于工件的正上方。

点击机床操作面板上的"主轴停止"按钮，使主轴停止转动。再点击"机床操作"→"Z

向对刀仪选择(100 mm)"菜单，将对刀仪导入进来，结果如图 5-97 所示。点击"Z 轴"和"–"
按钮，使刀具靠近对刀仪，距离比较接近时使用 MPG 手持单元进行精确调整。当对刀仪上
的指示灯亮起时，说明刀具底面与对刀仪上表面接触，停止调整机床，如图 5-98 所示。

　　　　图 5-97　对刀仪安装结果图 5-98　Z 轴方向对刀结果

　　点击数控系统面板上的"Set 设置"按钮，将光标移动至"Z 轴"，然后点击"当前位
置"下方的功能键，此时系统会询问"是否将当前位置设为选中工件坐标系零点？(Y/N)"，
在 MDI 键盘上输入"Y"确认，如图 5-99 所示。

　　然而，当前刀位点的坐标并不是工件坐标系原点的位置，当前刀位点在工件坐标系正
上方 100 mm(对刀仪高度值)处，因此需要将当前 Z 轴坐标值减去 100 mm。点击 MDI 键盘
上的"Enter"按钮，将计算后得到的 Z 轴坐标值输入系统中，如图 5-100 所示，至此 Z 轴
方向对刀完成。

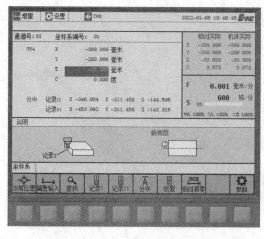

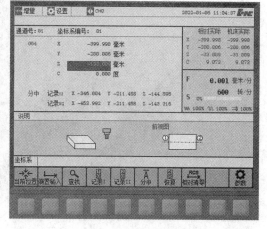

　　　图 5-99　将刀位点设定为工件坐标系原点图 5-100　更新 Z 轴坐标值

　　点击"机床操作"→"Z 向对刀仪选择(100 mm)"菜单，卸载对刀仪。点击"视窗视
图"→"对刀视图"菜单，将对刀视图关闭。点击数控系统面板上的"MDI 输入"按钮，

输入指令"G54"(Enter)和"G00X0.0Y0.0Z2.0"(Enter)，点击"运行程序"按钮，若刀具到达图 5-101 所示的位置，则对刀过程正确无误。

图 5-101　MDI 模式下执行指令后刀位点位置

2. 寻边器对刀过程仿真

斯沃数控仿真软件中，寻边器有偏心式(如图 5-102 所示)和光电式(如图 5-103 所示)两种。偏心式寻边器由夹持部分和测量部分组成，两部分之间使用弹簧拉紧。夹持部分安装于铣床主轴上，当主轴转动时，测量部分与夹持部分有明显的同轴度偏差，当寻边器与工件缓慢接触时，同轴度偏差会逐渐减小，当测量部分与夹持部分同轴时，就确定了工件边界的位置。光电式寻边器上有指示灯，当寻边器与工件接触时，指示灯亮起，即确定了工件边界的位置。

图 5-102　偏心式寻边器　　　　　　　　　图 5-103　光电式寻边器

点击"机床操作"→"寻边器选择"菜单，弹出"寻边器选择"对话框，如图 5-104 所示，点击"确定"按钮，即可将寻边器添加至机床主轴。在后续操作过程中，寻边器对刀仿真步骤与前述试切法对刀仿真步骤相同，此处不再赘述。

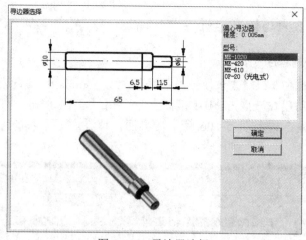

图 5-104　寻边器选择

5.4.4　数控铣削加工参数的设定

1. 数控铣床/加工中心刀具安装

数控铣床/加工中心刀具的安装过程必须通过换刀机械手进行操作，装刀步骤如下：

点击数控系统面板上的"MDI 录入"按钮，向数控系统输入指令"T01M06"(Enter)。点击"启动程序"按钮，换刀机械手将 T01 号刀具从刀库中取出，安装在主轴上。此时，若主轴上无刀具，用户将自己准备的刀具安装到主轴上，即为 T01 号刀具。若主轴上有刀具，用户将主轴上的刀具换下，装上自己准备的刀具，数控系统就默认该刀具为 T01 号刀具。后续刀具(T02 号、T03 号……)的安装步骤与上述步骤相同。

2. 刀具参数输入

为了保证数控加工精度，有时用户还需要额外设置一些参数，例如，刀具的长度、半径和因磨损导致的刀具尺寸变化量等等。

点击数控系统面板上的"Oft 刀补"按钮，屏幕显示界面如图 5-105 所示。利用 MDI 键盘上的 ◀、▶、▲ 和 ▼ 四个按钮调整光标位置，选择要设置的刀具，点击"Enter"按钮，输入参数值后，再点击"Enter"即完成参数设置。

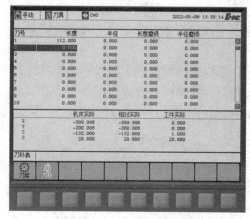

图 5-105　刀具尺寸参数的输入

5.4.5 铣床程序输入与仿真运行

1. MDI 键盘管理程序

数控铣床程序的输入和修改必须在"手动"模式下完成。点击铣床操作面板上的"手动"按钮，进入手动模式。点击 MDI 键盘上的"Prg 程序"按钮，再点击屏幕上"程序管理"下方的功能键，进入图 5-106 所示的界面，该界面下可以看到当前系统中所存在的程序。

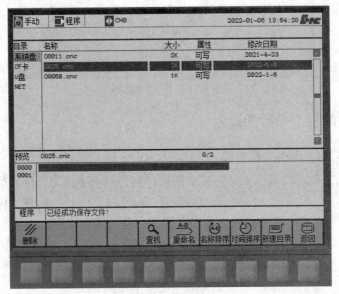

图 5-106　程序管理

如果要删除系统中的程序，点击"删除"按钮下方的功能键，即可将系统中的程序删除。如果要调用系统中的程序，点击"Prg 程序"按钮，再点击"选择"按钮下方的功能键，利用 MDI 键盘上的 ▲ 和 ▼ 按钮调整光标位置，选择要调用的程序，然后点击"Enter"按钮即可。如果要新建程序，点击"Prg 程序"按钮，再点击"编辑"按钮下方的功能键，点击"新建"按钮下方的功能键，在 MDI 键盘上输入文件名称，点击"Enter"按钮即可。

2. 外部导入程序

用户也可以先将程序编写在记事本文件中，然后更改记事本文件的后缀名为*.cnc，再导入数控系统中。

程序导入方法如下：点击铣床控制面板上的"手动"按钮，系统进入手动模式。在手动模式下，点击"Prg 程序"，新建一个数控程序，并将其调出，设置为当前程序。再点击"文件"→"打开"菜单，在弹出的对话框中浏览到加工程序文件*.cnc，点击"确定"按钮即完成加工程序的导入。

5.4.6 铣削加工仿真应用实例

【例 5-2】 在华中数控 HNC-818M 系统下，完成图 4-33 所示零件的仿真加工。

该案例的仿真过程主要包括以下内容：机床基本参数的设置、毛坯的安装、刀具的安装、对刀建立工件坐标系、加工程序的输入和调试运行、仿真加工结果的测量。

(1) 机床基本参数设置。

启动斯沃数控仿真软件后，系统进入初始界面，选择"华中数控 HNC-818M"系统，单击"运行"按钮，进入铣床仿真系统界面。在铣床操作面板上，将急停按钮  松开，单击"开启"按钮 ■ 开启系统显示屏幕。点击"回参考点"按钮，然后点击"Z 轴"和"+"按钮，使主轴回到 Z 轴方向的机床参考点，重复该动作让主轴沿 X、Y 轴也回到参考点。

(2) 毛坯安装。

单击"工件操作"→"选择毛坯"菜单，或单击工具栏中的 ● 按钮，在弹出的"设置毛坯"对话框中设置毛坯尺寸为圆柱毛坯，尺寸为 φ96 mm × 38 mm，然后点击"确定"按钮，完成毛坯设置。

(3) 刀具安装。

本案例涉及 4 把刀具，依次为 φ16 mm × 130 mm 立铣刀，φ5 mm × 61 mm 中心钻、φ6.8 mm × 118 mm 麻花钻和 M8 × 83 mm 丝锥。φ16 mm × 130 mm 立铣刀作为对刀基准刀具。

在手动模式下，点击数控系统面板上的"MDI 录入"按钮，向数控系统输入指令"T01M06"(Enter)，再点击"启动程序"按钮。此时换刀机械手将 T01 号刀具从刀库中取出，安装在主轴上。点击"机床操作"→"选择刀具"菜单，添加一把 φ16 mm × 130 mm 的立铣刀至主轴刀位，该刀具即为 T01 号刀具。按照上述步骤，完成剩余 3 把刀具的安装过程。

点击数控系统面板上的"Oft 刀补"按钮，利用 MDI 键盘上的 ◀、▶、▲和▼四个按钮调整光标位置。将基准刀具长度设置为 0，其他刀具长度与基准刀具长度的差值记录至图 5-107 所示的界面中，同时把 4 把刀具的半径值也输入系统中，至此刀具设置完成。

设置完成后，铣床、工件和刀具的状态如图 5-108 所示。

图 5-107　刀具参数设置　　　　　图 5-108　安装毛坯和刀具后机床、工件和刀具的状态

(4) 对刀建立工件坐标系。

将 φ16 mm 立铣刀作为基准刀具，按照前述过程进行试切法对刀，将工件坐标系建立

在毛坯上端面的中心处。具体操作过程不再赘述。

(5) 加工程序输入和调试运行。

在记事本中编写零件的加工程序，编写完成后将其另存为*.cnc 文件(此处将文件命名为 O0019.cnc)。

点击机床控制面板上的"手动"按钮，进入手动模式。在手动模式下，点击"Prg 程序"，再点击"编辑"按钮下方的功能键，新建一个程序，文件名称为"O0019"，点击"Enter"按钮并保存。

点击"文件"→"打开"菜单，在弹出的对话框中浏览到加工程序文件 O0019.cnc，点击"确定"按钮，即完成加工程序的导入。

导入程序后的显示屏幕状态如图 5-109 所示。此时，用户需要细心检查程序是否有误，检查完毕后再开始调试程序，调试步骤如下：点击机床操作面板上的"单段"按钮，然后点击"程序启动"按钮。每点击一次"程序启动"按钮，系统运行一个程序段。调试过程中，若出现意外情况，应立即按下"急停"按钮，待故障排除后重新运行程序。如果在调试过程中未发生意外情况，说明此程序正确无误。获得的仿真加工结果如图 5-110 所示。

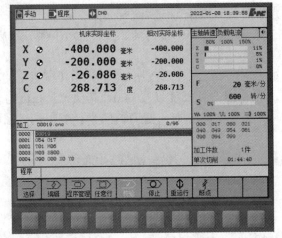

图 5-109　导入程序后的显示屏幕状态

图 5-110　仿真加工结果

6) 仿真加工结果测量

　　点击"工件测量"→"距离"菜单，进入铣床测量模式，如图 5-111 所示。在该界面下移动鼠标，核对工件尺寸，检验仿真加工的结果是否满足精度要求。

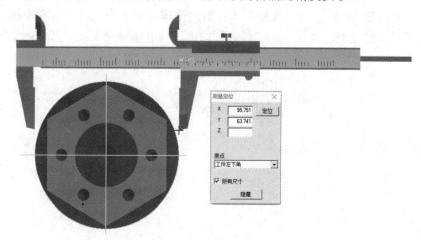

图 5-111　仿真加工结果的检验

课 后 习 题

1. 简答题

(1) 简述 FANUC 0i-TF 数控系统下，外圆车刀的试切对刀仿真过程。

(2) 简述 FANUC 0i-TF 数控系统下，轴类零件加工的仿真步骤。

(3) 简述 FANUC 0i-TF 数控系统下，程序调试试运行的过程。

(4) 简述华中数控 HNC-818M 系统下，立铣刀的试切对刀过程。

(5) 简述华中数控 HNC-818M 系统下，刀具的安装过程。

2. 仿真题

(1) 在 FANUC 0i-TF 数控系统下，完成麻花钻的试切对刀。

(2) 在 FANUC 0i-TF 数控系统下，完成内圆车刀的试切对刀。

(3) 在 FANUC 0i-TF 数控系统下，完成图 3-18 所示零件的仿真加工。

(4) 在 FANUC 0i-TF 数控系统下，完成图 3-19 所示零件的仿真加工。

(5) 在 FANUC 0i-TF 数控系统下，完成图 3-33 所示零件的仿真加工。

(6) 在 FANUC 0i-TF 数控系统下，完成图 2-15 所示零件的仿真加工。

(7) 在华中数控 HNC-818M 系统下，使用寻边器完成工件四面分中对刀。

(8) 在华中数控 HNC-818M 系统下，完成图 4-13 所示零件的仿真加工。

(9) 在华中数控 HNC-818M 系统下，完成图 4-20 所示零件的仿真加工。

(10) 在华中数控 HNC-818M 系统下，完成图 4-29 所示零件的仿真加工。

(11) 在华中数控 HNC-818M 系统下，完成图 4-33 所示零件的仿真加工。

(12) 在华中数控 HNC-818M 系统下，完成图 4-34 所示零件的仿真加工。

3. 论述题

(1) 在网上查阅资料，从节能环保、降低生产投入、提升零件加工质量和加工效率等方面考虑，谈谈数控加工仿真技术的发展历史、发展规律和发展前景。

(2) 在网上查阅资料，总结数控车床和数控铣床的对刀方法，以及数控机床对刀精度对零件加工精度的影响。从保证加工效率和加工质量方面考虑，谈一谈应该怎样选择对刀方法。

附录 A　FANUC 0i 系列数控车床指令表

表 A.1　FANUC 0i 数控车床常用准备功能 G 代码

G 代码	组别	功　能	G 代码	组别	功　能
G00		快速点定位	G65	00	宏程序调用
G01	01	直线插补	G66	12	宏程序模态调用
G02		顺时针圆弧插补	G67		取消宏程序模态调用
G03		逆时针圆弧插补	G70		精加工循环
G04		暂停	G71		内外径粗车复合循环
G10	00	数据设置	G72		端面粗车复合循环
G11		取消数据设置	G73	00	封闭粗车复合循环
G18	16	ZX 平面选择	G74		端面切槽循环
G20	06	英制(in)	G75		内外径钻孔循环
G21		米制(mm)	G76		螺纹切削复合循环
G22	09	行程检查功能打开	G80		取消钻孔固定循环
G23		行程检查功能关闭	G83		正向钻孔循环
G27		参考点返回检查	G84		正向攻丝循环
G28	00	参考点返回	G85		正面镗孔循环
G30		第二参考点返回	G87	01	侧面钻孔循环
G31		跳步功能	G88		侧面攻丝循环
G32	01	螺纹切削	G89		侧面镗孔循环
G40		取消刀尖圆弧半径补偿	G90		单一内外径切削循环
G41	07	刀尖圆弧半径左补偿	G92		螺纹切削循环
G42		刀尖圆弧半径右补偿	G94		端面切削循环
G50	00	设定工件坐标系或最大主轴转速	G96	02	恒线速度切削
			G97		取消恒线速度切削
G52		设定局部坐标系	G98	05	每分钟进给
G53		设置机床坐标系	G99		每转进给
G54~G59	14	选择工件坐标系 1~6			

表 A.2　FANUC 0i 数控车床常用辅助功能 M 代码

M 代码	功　能	M 代码	功　能
M00	程序停止	M07	打开切削液(一号)
M01	选择性程序停止	M08	打开切削液(二号)
M02	程序结束	M09	关闭切削液
M03	主轴正转	M30	程序结束并返回
M04	主轴反转	M98	调用子程序
M05	主轴停止	M99	子程序结束并返回

附录 B 华中 8 型数控铣床/加工中心指令表

表 B.1 华中 8 型数控铣床/加工中心常用准备功能 G 代码

G 代码	组别	功能	G 代码	组别	功能
G00		快速点定位	G55		工件坐标系 2 选择
G01		直线插补	G56		工件坐标系 3 选择
G02	01	顺时针圆弧插补	G57	11	工件坐标系 4 选择
G03		逆时针圆弧插补	G58		工件坐标系 5 选择
G04		暂停	G59		工件坐标系 6 选择
G07	00	虚线设定	G68	05	旋转变换开启
G09		准停校验	G69		旋转变换关闭
G15	16	极坐标编程取消	G73		深孔钻削循环
G16		极坐标编程开启	G74		反攻丝循环
G17		X-Y 平面选择	G76		精镗循环
G18	02	Z-X 平面选择	G80		固定循环取消
G19		Y-Z 平面选择	G81		中心钻循环
G20	08	英制输入	G82		带停顿钻孔循环
G21		公制输入	G83	06	深孔钻循环
G24	03	镜像功能开启	G84		攻丝循环
G25		镜像功能关闭	G85		镗孔循环
G28		返回参考点	G86		镗孔循环
G29	00	从参考点返回	G87		反镗循环
G30		返回到第 2、3、4、5 参考点	G88		镗孔循环(手镗)
G40		取消刀具半径补偿	G89		镗孔循环
G41	09	刀具半径左补偿	G90	13	绝对编程方式
G42		刀具半径右补偿	G91		增量编程方式
G43		刀具长度正向补偿	G92	00	工件坐标系设定
G44	10	刀具长度负向补偿	G93		反比时间进给
G49		取消刀具长度补偿	G94	14	每分钟进给
G50	04	缩放功能关闭	G95		每转进给
G51		缩放功能开启	G98	15	固定循环返回起始点
G53	11	直接机床坐标系编程	G99		固定循环返回参考点
G54		工件坐标系 1 选择			

表 B.2　华中 8 型数控铣床/加工中心常用辅助功能 M 代码

M 代码	功　能	M 代码	功　能
M00	程序停止	M07	打开切削液(一号)
M01	选择性程序停止	M08	打开切削液(二号)
M02	程序结束	M09	关闭切削液
M03	主轴正转	M30	程序结束并返回
M04	主轴反转	M98	调用子程序
M05	主轴停止	M99	子程序结束并返回
M06	换刀		

附录 C　数控车床编程实例仿真视频

例 3-7　　　　　　例 3-8　　　　　　例 3-9　　　　　　例 3-10

例 3-11　　　　　　例 3-12　　　　　　例 3-13　　　　　　例 3-14

例 3-15　　　　　　例 3-16　　　　　　例 3-17　　　　　　例 3-18-1

例 3-18-2　　　　　车床试切法对刀　　　　　G50 指令对刀

附录 D　数控铣床/加工中心编程实例仿真视频

例 4-3	例 4-4	例 4-7	例 4-8
例 4-9	例 4-10	例 4-12	例 4-13
例 4-14	例 4-15-1	例 4-15-2	例 4-16
例 4-17	铣床试切对刀		

参 考 文 献

[1]　石从继. 数控加工工艺与编程[M]. 武汉：华中科技大学出版社出版，2016.

[2]　徐福林，周立波. 数控加工工艺与编程[M]. 上海：复旦大学出版社，2015.

[3]　李体仁. 数控加工与编程技术[M]. 北京：北京大学出版社，2011.

[4]　张伟. 数控机床操作与编程实战教程[M]. 杭州：浙江大学出版社，2007.

[5]　刘蔡保. 数控编程从入门到精通[M]. 北京：化学工业出版社，2020.

[6]　罗力渊. 数控加工编程与工艺[M]. 北京：北京航空航天大学出版社，2015.

[7]　全国数控培训网络天津分中心. 数控编程[M]. 3 版北京：机械工业出版社，2017.

[8]　倪小丹，杨继荣，熊运昌. 机械制造技术基础[M]. 2 版. 北京：清华大学出版社，2014.

[9]　涂志标，张子园，郑宝增. 斯沃 V7.10 数控仿真技术与应用实例详解[M]. 2 版. 北京：机械工业出版社，2017.